우뇌를 활용한 이미지 수학 혁명

점수 올리는
수학머리
따로 있다

우뇌를 활용한 **이미지 수학 혁명**

점수 올리는
수학머리
따로 있다

김재현 지음

살림

"개념을 모르겠어요." ㅠㅠ

"해도 잘 안돼요~"

"개념은 이해되는데 왜 문제는 안 풀리죠?"

"선생님 하시는 것을 보면 알겠는데 왜 제가 하면 안 되죠?"

"어떻게 그렇게 생각해요?"

"머리가 나쁜가 봐요." ㅠㅠ

"새로운 문제만 보면 막막해요~"

"수학이 싫어요.").〈

십수 년간 학생들로부터 끊임없이 들어온 말이다.

수학이 그렇게 지겹고 어려운 과목인가?

절대 그렇지 않다. 나는 수많은 학생들에게 기초 이미지 수학 문제들을 풀게 해보았다. 거의 모든 학생은 이미지 수학을 재미있어 하고 신기해 한다. 그런데 왜 교과서 수학은 힘들고 짜증날까?

학교 교과서 수학은 추상적 개념과 딱딱한 논리로 포장되어 흥미가 없어서 그런가? 아니면 시험을 강요하니까 하기 싫어서인가? 꼭 그렇지만은 않다.

만약 어린아이가 간단한 오락게임을 하고 있는데 복잡한 고급 게임을 강요하면 어린이가 오락을 좋아할까? 수학은 오락과 거의 같다. 수학을 고급 오락이라고 하면 정확한 표현이다.

누구나 수학을 재미있어 한다. 다만 즐기는 방법을 몰라서 헤매고 있을 뿐이다.

스타크래프트에 몰입하여 전자오락에 고수가 되면 분명 다른 게임들도 쉽게 정복한다. 태권도의 고수가 되면 다른 무술에도 쉽게 고수가 될 수 있다. 포인트 되는 한 분야에 통달하면 다른 모든 분야를 통달하게 된다. 그 포인트를 찾으면 수학을 저절로 즐기게 되고 또 최고가 된다.

수학에서 포인트는 어디에 있을까?

그것은 학생이 가장 재미있어 하고 자신 있어 하는 분야이고 또 이것을 통해 다른 분야들도 쉽게 정복할 수 있는 곳이다. 다행히 대부분의 학생들이 흥미 있어 하는 이 포인트는 거의 일치한다.

첫 번째 포인트는 기초 이미지 수학이다.

학생들은 누구나 재미있어 하고 신기해 한다. 직관적 창의력 사고력이 눈에 띄게 향상된다. 그러나 기초 이미지 수학만으로는 학교 정규 과정의 논리 체계를 따라가기엔 역부족이다.

두 번째 포인트는 중학교 도형 문제이다.

학생들은 중학교 도형의 합동, 닮은꼴, 원 등의 문제를 통해서 직관적, 창조적 사고력이 체계화 되고 점차로 추상적 개념과 논리에 적응하게 된다. 학생들은 자연스럽게 이미지 논리에 깊이 빠져들게 되고 이 고급 오락을 즐기게 된다. 심화되고 깊어질수록 더 좋다.

세 번째 포인트는 고등학교 도형이다.

고등학교 도형은 인수분해 등 대수학, 방정식 등과 중학도형 등이 결합된 복합 사고력 분야이다. 많은 학생들은 여기서 좌절한다. 그러나 중학교 도형에 깊이 몰입한 학생은 고등학교 도형을 쉽고 재밌게 접근한다. 만약 고등학교 도형이 재미있다고 하면 그 학생은 무조건 수학의 고수가 된다. 이것을 통해서 학생은 저절로 논술형 학습이 이루어지며 수학의 엄밀성을 깨닫고 고차원의 응용 문제를 해결한다.

위의 포인트들은 수학 사고력의 발전 과정의 급소들이며 핵심적인 공통·점이 있다. 그것은 바로 '그림'이다. 그림, 숫자, 언어 중 그림이 가장 이미지적이다. 그래서 수학의 포인트는 간단히 한마

디로 요약된다.

바로 이미지이다.

이 책은 이미지 수학공부 방법을 다양한 각도로 설명하고 있다. 이 방법은 당장 학교내신과 대입수학에서 고득점을 받는 지름길이다. 또 멀리는 독창적 사고력을 길러 창의적 아이디어를 번뜩이는, 현대사회에서 꼭 필요한 인재가 되는 지름길이기도 하다.

가장 바른 방법은 가장 빠른 방법이다.

이 책에 등장하는 학생들은 십수 년간 입시 현장에 있으면서 만난 소중한 친구들이다. 주로 가명이 많으며 본인이 꼭 원하는 경우 실명을 사용하기도 했다. 그들 모두에게 감사드린다. 또 이 책의 내용에 많은 자문을 주신 우형철 선생님, 김상희 선생님과 자료정리, 편집, 타이핑 등을 도와준 정루디아님께도 감사드린다.

차례 *Contents*

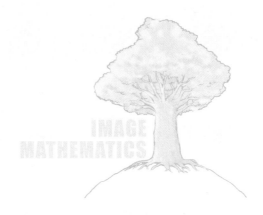

part 2 잠들어 있는 오른쪽 뇌를 깨워라

점수 올리는
수학머리 따로 있다

part 3 실전! 나만의 특별한 수학공부

PART 1

수학이
재미없다고?

1 수학, 정말 재미없는가?

사고력의 발전 단계

당시 중학교 2학년이었던 은희는 공부도 잘하고 모범적인 학생으로 무엇보다도 성실하였다. 은희는 영어 등 다른 과목은 아주 잘하는 편이었고 수학은 중·상 정도로 못하는 편은 아니었으나 다른 과목에 비해 상대적으로 떨어지는 상태였다.

수학은 열심히 해도 뭔가 모자라는 느낌이 들어 점점 자신감을 상실해가는 힘든 때였다.

"은희야 수학이 재미는 있니?"

"아뇨, 재미없어요~~"

은희는 약간의 주저도 없이 대답하였다.

"왜 재미없니?"

"몰라요, 그냥~ 재미없는데~~" ㅠ_ㅠ

은희는 중2밖에 되지 않았고 그 나이에는 수학이 왜, 무엇 때문에 재미없는지를 모르는 것이 당연한 일이었을 것이다. 난 수학책을 펴서 각 단원별로 무엇이 재미없는지 좀더 자세히 물어서 학생의 상태를 파악하여 보았다.

은희는 무미건조하게 반복되는 따분한 문제들 때문에 수학이 재미없다고 느낄 뿐만 아니고 상당히 지겨워했었다. 그래도 은희는 성실하고 모범적이어서 부모님이 시킨 대로 열심히 하지만 수학이 재미있을 턱이 없었다.

다음 문제들을 보라.

❶ $4a - 4b - 2a - 7b - (5a - 3b)$

❷ $-3x + y - 2x + y - (3x - 2y) - 8$

❸ $9x - 7y - (3x - 6y)$

❹ $4x - 5x + 4y - (2x - 3y) + 7y$

❺ $5x - [4x - 5y3x - 2y + (-3x + 2y)]$

❻ $3a + [5b + a - (a + 3b)]$

❼ $4x - [4x - 3y - 5x + 4y - (x + 3y)]$

❽ $7x - [5x - 3 - 5 - 2x - (7x - 3y + 1) + 2y]$

❾ $9x - [4x - 2y - 2x - (x - 3y)] - 5y$

❿ $8a - [4a - 2b - (4a - 3b)]$

어느 누군들 수학을 재미있게 생각하겠는가? 아마 수학이 이런 식이면 아인슈타인일지라도 중학교 때 수학을 포기하였을 것이다. 학교 시험을 위해서는 이렇게 지루한 계산연습이 필요할지도 모른다. 그러나 그것도 정도의 문제이지 충분한 계산능력을 갖추고 있는데도 계속 단순한 계산 연습만 시키면 재미가 없을 뿐만 아니라 사고력 발전에도 전혀 도움이 되지 못한다. 구구단을 다 외우는 학생에게 계속 구구단을 노트에 적어오라고 하면 수학적 사고는커녕 흥미를 잃고 결국 혐오감만 들 것이다. 단순하고 반복적인 학습은 우리 뇌세포의 효율성을 떨어뜨려서 창의적 시냅스 회로가 형성되지 못하게 하며, 어린 학생은 독창적 아이디어, 창의력을 점점 잃어버리고 기계적이고 수동적인 바보형 인간이 될 수 있다.

나는 계산 연습은 충분히 되었으니 함수와 도형공부를 하라고 권하였는데 도리어 은희가 계산이 완전하지 못하면 만점을 못 받는다고 걱정을 했다. 나는 계산 문제는 한두 개 틀려도 괜찮고 대부분의 수학자들이 계산을 잘 못한다고 이야기해주었다. 또 사고의 중요성을 충분히 설명해주었다. 은희는 의외로 도형 문제에 점점 흥미를 갖고 보다 성취감이 강한 어려운 문제에 도전하여 꽤 고민하기도 하면서 수학에 재미를 느끼게 되었다. 그 후 은희는 수학 경시대회에 입상하기도 했다.

이제 막 중학교 3학년이 되는 선미는 부모가 보기엔 너무나 걱정이 되는 학생이었다. 착하고 얌전한 편이었는데 말수가 적고 학교 성적이 반에서 거의 꼴찌에 가까운 상태였다. 그런데 선미는 글쓰는 것을 좋아했었고 특히 판타지 소설에 심취하여 창작 활동을 의욕적으로 하고 있었다. 선미가 쓴 소설의 일부를 보고 어떻게 어린 나이에 이렇게 풍부한 상상력으로 글을 쓸 수 있는가 하고 감탄할 정도였다.

이런 특별한 재능과는 별개로 나오지 않는 성적에 대해 선미의 부모님은 몹시 걱정하시는 것 같았다. 사실 선미의 작가적 재능이 검증된 바도 없으니 당연한 것이었다. 그러나 선미의 부모님은 학생에게 무리하게 공부하도록 강요하지는 않았다. 선미 자신도 부모님 의견을 존중했고 학과공부도 나름대로 열심히 하고 있었다.

학교에 갔다 오면 선미는 거의 집에 있었으며 수학공부도 꾸준히 하였다. 게다가 옆집에 사는 친척이 공부를 개인적으로 도와주고 있었다. 난 선미가 공부한 수학 참고서를 보고 깜짝 놀랐다. 빽빽한 문제를 한 문제도 안 빼고 열심히 풀은 흔적을 보고 이렇게 공부하는데 수학 점수가 그렇게 나오지 않는지 얼른 이해가 되지 않았다.

나는 수학뿐만 아니라 전반적인 공부에 대해 물어 보았지만, 선미는 말수가 적고 수줍어하는 편이라 부끄러운 듯이 웃으면서 "글쎄요~"라고 대답할 뿐이었다. 그러나 글쓰기를 좋아해서인지 내가 하는 말을 상당히 빨리 이해했으며 무엇보다 재미있게 들어주었다.

나는 인간의 뇌의 구조 즉 오른쪽 뇌와 왼쪽 뇌의 특성(42페이지에서 자세히 설명함)에 대해 말해주었고 특히 이미지, 숫자, 언어 등의 단계별 사고발달 과정과 중학교 도형의 중요성 등에 대해서 충분히 설명해주었다.

"선미야, 내 설명을 이해하고 또 동감할 수 있니? 너의 의견을 말해보렴~"

선미는 또 수줍게 웃으며,

"글쎄요……. 제가 말을 제대로 못하니 글로 써올게요."

라고 하더니 컴퓨터를 이용해서 글을 써서 보여주었다.

> 음, 우선 많은 것을 알게 되어 좋았어요. 사실 수학을 별로 좋아하지 않아 포기하고 싶다는 생각을 1년에 180번도 넘게 하거든요. 수학을 잘 못하고, 아무리 열심히 하려고 해도 점수가 잘 안 나와서 영어 다음으로 싫어하는 과목으로 당첨되기도 했죠 ^^; 그렇지만 오늘 선생님이 주신 책을 조금이라도 훑어보고 말씀도 들어보니 저도 가능성 있는 존재라는 생각이 들었어요!! 도형을 잘 못하지만 그래도 어느 정도 흥미를 느끼고 있다는 게 참 다행이란 생각도 하게 되었고요. ^^

선미는 그 후 수학공부를 상당히 능동적이고 재미있게 하였으며 다른 학과 성적도 상당히 올라 안정된 학교생활을 하고 있다.

어린이에게 연필과 종이를 주면 대개 그림으로 자기만의 느낌, 감정을 표현할 것이다. 반면에 어른은 자신의 생각, 감정을 글로 논리 있게 적을 것이다. 만약 어린이에게 글 쓰는 것을 강요하면 아이는 곧 싫증을 느끼고 연필과 종이를 싫어할지도 모른다. 누구는 수학이 재미있다고 하고 어떤 이는 아름답다고까지 한다. 예를 들면

$$\sin^2 x + \cos^2 x = 1$$
$$1 + 8 + 27 + 64 + 125 = 225 = 15^2$$

위의 식이 재미있다거나 아름답다고 여기는 사람이 과연 얼마나 될까?

어른이 논리적인 글을 써서 어린이에게 작문이 정말 재미있고 아름답다고 하면 그 애가 납득할 수 있을까?

수학적 사고를 다음과 같이 다양하게 표현해보자.

첫째	🍎 + 🍎🍎 = 🍎🍎🍎
둘째	$1 + 2 = 3$
셋째	일 더하기 이는 삼

첫 번째 표현은 시각적 표현이므로 누구든 쉽고 편하게 납득할 수 있는 방법이다. 사람은 시각적 이미지로 자연스럽게 사고하는 경향이 있으며 시각적으로 상상할 수 없는 것은 이해하기 어렵다. 첫 번째 표현을 숫자라는 기초로 표현한 것이 두 번째 예이다. 두 번째는 구체적 상황을 추상화하는 첫 걸음이다. 즉 사과 한 개와 두 개를 더하는 것과 벌레 한 마리에 두 마리를 더하는 것은 모두 1+2=3으로 표현된다. 이것은 이미 인식이 추상화 작업에 들어간 수의 덧셈이고 이런 추상화된 계산은 사고력을 다지는데 필요하다. 세 번째 표현은 두 번째의 숫자라는 추상적 표현을 언어와 결합하여 안으로는 사물의 명확한 관념을 확립하고, 밖으로는 표현 능력을 향상시켜 응용력을 키우게 된다.

이미지, 숫자, 언어는 모든 인식의 바탕이 되는 기본적 사고로서 이러한 기본 요소는 순서에 따라 교육되어야 흥미와 재미를 유발시켜 학생들의 사고 능력을 향상시킬 수 있다.

그런데 지금 수학공부 방법은 어떠한가?

이미지가 형성되어 있지 않은데 두 번째, 세 번째 단계를 가르치면 흥미는커녕 반감만 늘어 학생들에게 혐오의 대상이 될 수 있다. 예를 들어 중학생에게 $2x=6$을 풀라고 하면 $x=3$이라고 할 것이며 자연스럽게 그 다음 단계의 수학을 즐겁게 공부할 수 있다.

그런데 $\{x \mid 2x = 6, x \in$ 실수$\}$의 해집합은? $\{3\}$

▶섭섭한 그들만의 리그 : 어렵다면 쉬운 길을 찾아라!

이렇게 가르치면 언어적 기초에 익숙하지 않는 학생에게 수학은 신비하고 어려울 뿐 아니라 따분하고 무미건조한 학문밖에 되지 않는다.

이 책은 이미지, 숫자, 언어 등의 단계로 사고력을 증진시켜 수학에 재미와 흥미를 유도하여 수학의 고수가 되는 방법을 자연스럽게 기술하고 있다.

루소와 페스탈로치의
자연주의적 이미지 학습법

오늘날과 같은 수학교육 내용 및 방법은 언제부터 시작되었을까? 그것은 아마 프랑스 혁명 이후 계몽사상이 나타나고 난 뒤부터일 것이다. 계몽사상에 의하여 교육혁신 운동이 일어나고 중등학교에서 수학과가 확립되었다고 한다. 이 계몽사상의 선구자인 루소(Rousseau, 1712~1778)는 자연주의사상에 의하여 인간교육을 자연법칙과 일치시키려고 노력했다. 18세기 사람인 루소가 주장하는 수학교육 방법은 현재 수학교육의 핵심을 찌르고 있어 흥미롭고 감탄스럽기까지 하다. 루소는 12세 이전의 어린 학생에게는 수학의 논리적 개념을 지도하면 도리어 혼란만 가져오기 때문에 이 시기에는 이미지(상상력)적인 감각훈련이 필요하다고 강조했다. 인류 역사를 통틀어 가장 중요한 교육적 저작이라는 『에밀』에서 루소는 다음과 같이 말하고 있다.

기하는 어린이가 충분히 사고할 수 있는 영역이다. …… 기하를 배우는 방법은 추론하는 것과 꼭 마찬가지로 이미지(상상)하는 일이다.…… 나 자신은 에밀에게 기하학을 가르치려고 하지 않는다. 도리어 기하학을 가르칠 사람은 에밀이다. 나는 관계를 찾을 것이다. 에밀이 기하적 원리를 발견할 것이다.……

루소는 수학에서 개념과 논리보다는 이미지, 직관, 통찰력 등을 훨씬 더 중요하게 생각하고 있으며 이미지 수학을 강조하는 이 책의 기본 이념은 루소의 사상에서 시작된다고 볼 수 있다. 이러한 루소의 자연주의교육사상은 페스탈로치(Pestalozzi,

1746~1827)에 의하여 더욱 발전되었다. 그는 수학교육에서 계산과 도형교육을 도입한 최초의 교육자이다. 그는 사물을 모습으로 분류하고, 수에 의하여 분류하며, 마지막으로 언어에 의하여 깊은 사고를 하게 된다고 보았다. 페스탈로치는 수학교육이 학생의 사물에 대한 감각적 이미지로부터 시작되어야 한다고 했다. 특히 그는 직관과 통찰력을 중요시하여 도형의 작도에서 자와 컴퍼스 사용을 금지하였다.

2 수학, 왜 해도 안 될까?

수학 교육 내용과 이미지 학습

몇 년 전에 공부를 좀 못하는 고등학교 문과 3학년을 맡아 수학을 가르친 일이 있었다. 그때까지는 이과의 공부 잘하는 학생들을 주로 지도했었는데 수학 못하는 학생들을 만나 좀 색다른 경험을 하게 되었다. 그 반에서 여학생 일곱 명이 있었는데(난 그들을 칠공주라고 불렀다) 그 동안 너무 열심히 놀아서 공부를 심하게 못하는 상태였다.

그러나 고3이 되어 철이 들어서인지 대학에 가고자 하는 열정은 누구보다 대단하였다. 칠공주는 보통의 수학책은 어려워서 감당할 수 없는 수준이었기에 난 가장 쉬운 책으로, 수학을 기초부터 차근

차근 가르치기 시작하였다.

　인수분해도 제대로 못하는 칠공주에게 고등학교 수학은 정말 어려운 과제였다. 그러나 고3이기 때문에 싫고, 좋고를 떠나서 대학을 가기 위해서 반복하여 이해하고 또 인내하면서 열심히 공부했다. 아무리 해도 성적이 잘 오르지 않는 몇 명은 공부하다가 울음을 터트리기도 해서, 보고 있으면 애처로운 생각이 절로 들었다. 그래도 고3이 되도록 공부를 제대로 안 한 대가를 치루고 있다는 심정으로 학생들은 힘들지만 열심히 잘 따라 주었고 무사히 수와 식과 방정식을 어느정도 이해하게 되었다. 그런데~~~~~~~~~~~

　도형편에 들어가서는 완전히 공부가 불가능한 상태에 빠졌다. 처음에는 학생들이 지쳐서 슬럼프에 빠졌나 생각했는데 상황은 그것이 아니었다. 수와식, 방정식은 큰 사고력 없이 기계적 훈련을 하면 어느 정도 이해할 수 있었으나 도형은 사고력 없이는 도저히 이해조차 할 수 없었던 것이다.

　몇 번이나 반복학습을 하고 이해시켜도 금방 잊어버리고 응용은 엄두도 못 낼 정도였다. 고3 학생들이라 시간이 많지 않았기 때문에 공부의 효율성을 위해 도형은 일단 접고 다시 수와 식, 방정식을 좀더 깊이 있게 공부시켰다. 방정식을 충분히 공부한 다음 도형을 다시 시도해보았는데 여전히 너무 어려워서 진도를 나갈 수가 없었다.

　이대로 있다간 그토록 가고픈 대학을 수학 때문에 못 갈 것이 분명하였다. 나는 약간의 모험을 하기로 하고 중학교 도형을 정리하여 풀게 하였는데 다행히 흥미를 갖고 열심히 하였다.

사실 중학교 도형이 수학능력시험에 직접 출제되는 것이 아니었기 때문에 학생들이 재미있어 하고 열심히 한다고 무작정 그 수업만 할 수는 없었다.

기초적인 중학교 도형을 적절히 하여 사고력을 어느 정도 키운 다음 다시 고등학교 도형 수업을 시작하였다. 한 명을 제외하고 나머지 학생들은 도형에 대한 이해력이 조금씩 높아져 무사히 진도를 나갈 수 있었다. 이후 칠공주는 수학을 좋아하게 되었고 수학점수가 상대적으로 잘 나와서 무사히 대학에 가게 되었다. 그 중에 두 명은 문과인데도 불구하고 교차지원하여 컴퓨터와 자연과학부에 진학하였다.

수학교육 내용과 이미지 학습

우리나라의 초 · 중 · 고등학교 수학 내용은 개략적으로 다음과 같다.

초 등 학 교	1 : 수와 연산	덧셈, 뺄셈, 곱셈, 나눗셈, 큰 수, 분수, 배수, 약수, 소수, 어림하기, 시간과 무게, 혼합계산
	2 : 도 형	그리기, 찾기, 움직이기, 원, 삼각형, 사각형, 다각형, 각도, 깊이, 넓이, 부피, 직육면체, 구, 각기둥, 각뿔, 원기둥, 대칭, 합동, 비와 배율
	3 : 기 타	문제 푸는 방법, 자료표현, 그래프, 경우의 수, 연비
중 학 교	1 : 수와 연산	집합, 정수, 분수, 소수, 유리수, 근사값, 지수법칙, 일차방정식, 연립방정식, 연립부등식, 이차방정식
	2 : 도 형	기본도형, 평면, 공간, 작도, 평면도형의 측정, 입체도형의 측정, 닮은꼴, 합동, 삼각형 성질, 사각형 성질, 원, 다면체, 회전체, 원기둥, 뿔, 구
	3 : 기 타	좌표평면, 그래프, 일차함수, 일차함수의 활용, 이차함수, 이차함수의 활용
	4 : 통 계	도수 분포표, 히스토그램, 평균, 확률, 확률의 계산
고 등 학 교	1 : 수10-가, 나	집합, 명제, 수와 식, 방정식, 부등식, 평균과 표준편차, 도형의 방정식, 함수, 삼각함수
	2 : 수 Ⅰ	지수, 로그, 행렬, 수열, 수열의 극한, 확률 통계
	3 : 수 Ⅱ	방정식과 부등식, 함수의 극한과 연속성, 다항함수의 미분, 다항함수의 적분, 이차곡선, 공간도형과 공간좌표
	4 : 미분과 적분(선택)	
	5 : 이산수학(선택)	
	6 : 확률 통계(선택)	

위 수학교육 내용을 중학교까지만 보면 앞서 기술한대로 수학

의 사고력 향상을 위해 이미지, 숫자, 언어의 단계로 교육내용이 잘 정돈되어 있음을 알 수 있다. 그런데 고등학교부터는 이미지학습은 거의 없고 좀더 추상적이고 논리적인 수학이 전개되고 있다. 물론 중학교까지의 과정에서 이미지를 통한 직관력과 사고력 기초가 확립된 학생은 고등학교 수학에 무난히 적용할 수 있으나 그렇지 못한 학생의 경우는 상당히 혼란스럽고 적응하기 힘들다.

고등학교 수학에서 첫 단원인 집합은 상당히 추상적이고 언어적이어서 학생들에게 지루하고 재미없게 느껴질 수 있는 분야이다. 수학을 잘하지 못하는 학생들은 이 집합부터 흥미를 잃게 되고 그 다음 단원인 수와식에서 한층 더 절망감을 느끼게 된다.

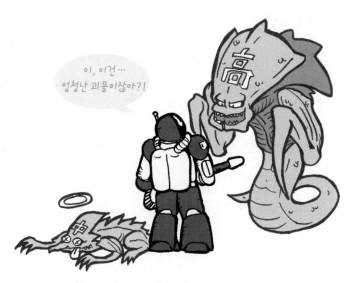

▶산 넘어 산! : 논리로 무장한 고교 수학이라는 괴물!

즉 실수연산에서 항등원, 역원, 복소수 개념이 도입되어 혼란을 가중시킨다. 뿐만 아니라 중3 때까지 간단한 인수분해 문제만 풀었는데 갑자기 인수분해 공식이 4~5개로 많아진다. 그 다음 항등식과 미정계수에 이어 나머지 정리에서는 대부분의 학생들이 수학을 멀리하게 된다. 이 모든 과정이 고등학교에 진학하자마자 1~2개월 사이에 발생하게 된다.

다음의 표에서 보듯 고등학교 1학년 때 수학 난이도 변화율이 제일 크다고 볼 수 있다. 따라서 중3, 즉 예비 고1 학생들이 겨울방학 때 고등학교 수학을 미리 배우러 학원을 다니거나 개인과외교습을 받는 것도 충분히 이해될 수 있는 현상이다.

그러나 이러한 선행학습은 상당한 부작용을 불러일으킬 수 있다. 중학교 수학으로도 충분히 수학적 사고력과 직관력이 확립될

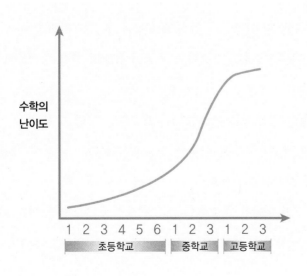

수 있으며 이러한 기초가 튼튼하면 고등학교 수학도 큰 무리 없이 소화해낼 수 있다. 그런데 중학교에서 도형학습이 부족해서 사고력이 떨어지는 학생이 섣불리 고등학교 선행학습을 하여 앞서 서술한 인수분해, 나머지정리 등을 안다고 하여도 고등학교 도형, 함수 등에서 더 큰 좌절을 맛보게 된다.

따라서 새로운 개념을 무조건 미리 배운다고 좋은 것이 아니다. 새로운 개념을 받아들일 수 있는 사고력, 직관력 등의 기초체력을 우선 튼튼하게 해야 한다. 이 기초체력이 바로 이미지(상상력) 수학이며 중학교 도형은 대표적인 이미지 수학의 한 분야이다.

대부분의 중학생은 도형을 좋아하며 잘 학습하면 어려운 문제도 혼자 생각하고 고민하면서 사고력이 급성장하게 된다. 중학교 도형은 고등학생 또는 대학생이 풀어도 어려운 문제가 많으며 도리어 중학생이 더 잘 푸는 경우가 많다. 이와 같이 중학교 때 기초 사고력이 확립된 학생은 고등학교 수학을 무난히 소화할 수 있으나 그렇지 못한 학생은 고등학교 수학이 감당하기 힘든 괴물로 돌변하게 된다.

앞서 말한 칠공주들은 고등학교 1, 2학년 동안 수학을 완전히 포기한 채 고3이 되어서 대학에 진학해야 한다는 필요성 때문에 억지로 공부한 대표적 예이다.

고3이 되면 수학을 공부해야 하는 필요성을 절실히 느끼게 되고 자신을 통제할 인내력도 길러지게 되어 재미가 없어도 공부할 수 있는 나이가 된다. 그래서 그들도 인수분해, 방정식까지는 대학에 가기 위한 신념으로 열심히 할 수 있었으나 도형에서 사고력 부족으로 좌절할 수밖에 없었다.

　사고력 향상에 도형이 왜 그렇게 중요할까? 이 문제에 대한 답은 이 책을 읽는 동안 자연스럽게 알게 될 것이다. 동시에 수학을 정말 재미있게 잘하는 방법도 터득하게 될 것이다.

유클리드
'기하학 원론'

그리스시대에 태어난 유클리드는 인류역사상 최고의 수학교사로 칭송되어 왔다. 인쇄술이 발명된 이래 1900년대까지 서양에서 『성경』 다음으로 많이 출판되고 읽힌 베스트셀러가 『유클리드 기하학 원론』이며 위대한 수학자, 과학자, 철학자, 음악가, 미술가, 사회운동가들은 거의 모두 이 책을 독파한 것으로 알려져 있다. 아인슈타인은 초등학교 때 야곱 삼촌으로부터 유클리드 기하를 배우고 수학에 심취하여 상상력과 사고력을 키워서 상대성이론을 발견하게 되었다. 루소는 유클리드 기하론으로부터 영향을 받아 자연주의 교육사상과 서양교육에 대한 획기적 사상적 전환의 바탕을 제공하게 되었다. '유클리드 기하' 는 모든 학생들이 왜 도형공부를 해야 하는지 그 이유를 실증적으로 입증해주는 책이다.

'기하학 원론' 은 유클리드의 독창적 사고였다기보다 그 이전의 수학자들의 업적을 정리하고 체계화한 것이다. 기하학 원론은 13권으로 구성되어 있으며 1권부터 6권까지는 평면기하에 관한 내용이 실려있고, 7권에서 9권까지는 정수론과 관련내용이 정리되어있다. 10권에서는 무리수에 관한 이론들이 수록되어 있고, 11권에서 13권까지는 입체기하학에 관한 내용이 실려있다.

20세기에 들어오면서 페리 등에 의하여 수학교육 개혁 운동이 전개되면서 유클리드 기하학은 비판을 받기도 했다. 많은 학생들이 수학을 쉽게 접하게 하기 위해서는 내용의 엄밀성보다는 쉽게 이해할 수 있는 방법을 익히는 것이 더 중요하다는 것이었다. 그러나 이러한 개혁 운동도 유클리드 기하의 논리적이고 연역적인 엄밀성에 대한 문제제기와 비판이었던 것이지 수학에서 기하(도형)교육 자체를 부정한 것이 아니었다. 도리어 기하학을 더 많이 학습해야 한다고 언급하였으며 기하 형태도 유클리드 기하뿐만 아니라 실험

기하, 측정, 근사치, 입체기하 등 다양한 기하학을 도입하여 학생들의 창의적 사고력을 향상시키고자 하였다.

　유클리드 기하학은 어린 학생들이 보기엔 너무 딱딱하고 지루한 면이 있어서 우리나라에서는 학생들 수준에 맞게 재정리하여 중학교에서 주로 가르치고 있으며 현대의 다양한 기하학도 병행하여 학습시키고 있다. 이러한 기하학은 학생들에게 수학적 호기심을 유발시켜 재미를 느끼게 할 뿐만 아니라 창의적인 사고력을 향상시키는 이미지 수학의 중요한 한 분야이다.

　실제로 중학교에서 배우는 도형만 열심히 해도 학생들은 수학에 대한 흥미를 느끼게 되고, 강요하지 않아도 스스로 깊이 있는 문제에 빠져들게 되어 수학을 저절로 즐기게 된다.

PART 2

잠들어 있는 오른쪽 뇌를 깨워라

3 걔가 수학으로 명문대 갔다고?

이미지 수학의 혁명

당시 고1이었던 김진후는 성격이 낙천적이라 고등학교 생활을 신나고 재미있게 잘하고 있었지만 공부와는 거리가 먼 편이었다. 나는 진후를 따로 불러서 수학공부에 대한 얘기를 나누었는데 과학적이고 합리적인 학습방법에 의해 지적 능력이 향상된다고 설명하였다. 그런데 이야기를 듣고 난 진후는 자신이 유전적으로 공부를 잘할 수 없다고 말하는 것이었다.

그 이유인즉 부모님이 두 분 다 대학을 나오지 않으셨을 뿐만 아니라 외가, 친가를 모두 합쳐서 자기또래에서부터 부모님 세대까지 따져도 대학 문턱에도 간 사람이 없는 집안이라는 것이다. 그

한계를 알기 때문에 자신을 공부에 찌들어 피곤하게 살고 싶지 않다고 했다.

난 그를 좀더 지켜보기로 하고 공부에 대한 간섭을 일부러 하지 않았다. 그러던 어느 날 로그 수업시간이 되어 로그의 정의와 용어 해설을 하고 몇 번이나 밑수, 진수에 대한 이야기를 했다. 그런데 수업시간이 끝날 때쯤 되어 진후가 질문이 있다고 손을 들었다.

"한편, By the way(이것은 학생들이 내 말투를 흉내 내서 하는 것이다) 선생님!! 진수가 뭐예요??"

한 시간 내내 진수에 대하여 설명했는데 저 놈은 그 동안 무슨 딴 짓을 하고 수업 끝날 때 질문을 한단 말인가? 너무 화가 치밀어 오른 나머지 말문이 막혔다.

나는 분을 삭이지 못하여 흥분한 채 교실 안을 왔다갔다하였고 아이들은 전부 삭막한 분위기에 쥐 죽은 듯 조용해졌다.

"야 짜샤! 너 공부 집어쳐, 더 이상 배우러 오지 마!!!"

난 결국 고함을 치고 교실을 나가버렸다. 그 다음 날부터 진후는 정말 교실에 나타나지 않았다. 약간은 당황하기도 하고 섭섭하기도 했는데 일주일 만에 드디어 그가 나타났다.

"선생님~ 저 열심히 공부하겠습니다. -.-)

시키는 대로 다 할 테니 제발 공부시켜주세요." ㅠ_ㅠ

난 진후가 정말 공부할 마음을 먹고 온 것인가 의심스러워 다음과 같은 문제를 내주었다.

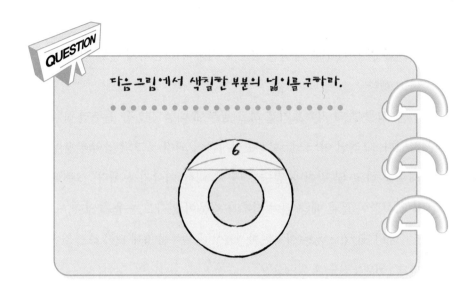

QUESTION

다음그림에서 색칠한 부분의 넓이를 구하라.

6

진후는 한참 생각하다가 "잘 모르겠는데요"라고 말했다.

"야이 짜샤! 내일까지 풀어와, 못 풀어오면 공부 포기해!"

다음날 출근하니 내 책상 위에 쪽지 하나가 놓여있었다.

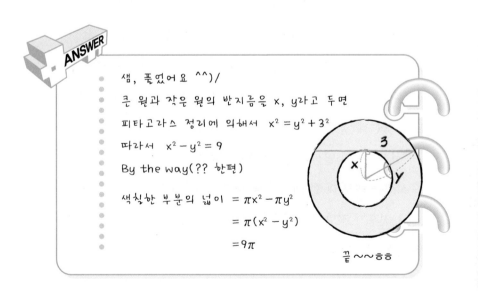

ANSWER

샘, 풀었어요 ^^)/

큰 원과 작은 원의 반지름을 x, y라고 두면

피타고라스 정리에 의해서 $x^2 = y^2 + 3^2$

따라서 $x^2 - y^2 = 9$

By the way(?? 한편)

색칠한 부분의 넓이 $= \pi x^2 - \pi y^2$

$= \pi(x^2 - y^2)$

$= 9\pi$

끝 ~~흐흐

3

x

y

나는 진후를 불렀다.

"네가 푼 게 아니지~?"

"예~, 사실 학교 친구에게 물어봤어요."

"그래도 열심히 노력해서 다행이다~

그런데 좀더 직관적으로 풀어봐."

"예~?"

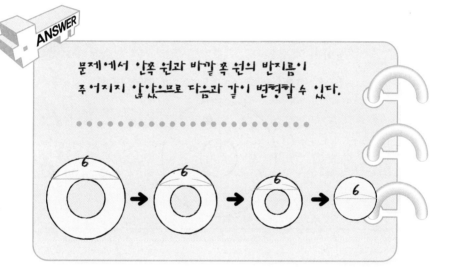

진후는 위 문제의 풀이에 매우 감동했으며 수학에 대한 호기심
으로 눈빛이 초롱초롱해졌다.

두 번째 풀이는 원의 넓이를 구할 수 있으면 초등학생이라도 풀
수 있는 방법이다. 안쪽 원을 줄여도 넓이가 같다는 직관력이 요구

되며 새로운 아이디어가 창출되어야 하는 방법이다. 반면, 진후가
풀이한 방법은 피타고라스 정리를 이용한 꽤 논리적이고 좀더 완
벽한 방법이다. 이 방법에서도 두 개의 보조선을 그을 수 있는 것
은 상당한 직관력이 요구된다고 볼 수 있다.

난 진후에게 또 다른 문제를 내주었다.

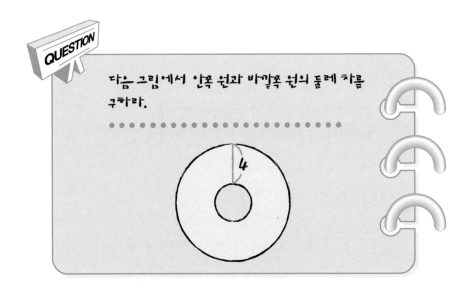

QUESTION

다음 그림에서 안쪽 원과 바깥쪽 원의 둘레 차를
구하라.

4

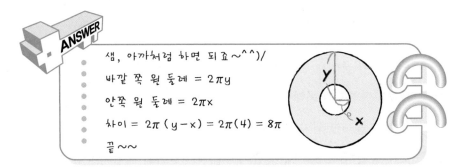

ANSWER

샘, 아까처럼 하면 되죠~^^)/

바깥쪽 원 둘레 = $2\pi y$

안쪽 원 둘레 = $2\pi x$

차이 = $2\pi(y-x) = 2\pi(4) = 8\pi$

끝~~

"임마! 또 다른 방법으로 풀어봐!"

"예?? 예~~"

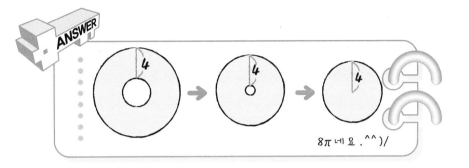

8π 네요 . ^^)/

　그 후 나는 녀석에게 수학의 사고력 발전 단계인 이미지(도형), 숫자, 언어에 대한 설명을 하고 중학교 도형과 함수 그리고 고등학교 도형, 함수에 대한 문제를 체계적으로 풀게 하면서 틈나는 대로 이미지 형성 문제를 병행하여 풀게 했다. 의외로 진후는 수학을 재미있어 했다. 나중에는 혼자 함수 문제를 하루 종일 고민하며 깊이 생각하기도 하였다.

　그 후 진후는 수학에 상당한 고수가 되었고 공부에 대한 자신감이 생겨 과학, 영어, 국어도 열심히 하여 고3 때는 수능모의고사 전교 1등을 하기도 했다(물론 진후가 다니던 학교가 상대적으로 공부 잘하는 학생이 적은 탓도 있었다). 진후는 집안에서 처음으로 대학에 진학해 현재 연세대 전기전자공학부에 다니고 있다.

진후네 반 학생 중에 김상진이란 녀석은 고등학교 3년 동안 공부를 제일 잘해봤자 반에서 15등이었다. 상진이는 중학교 때 도형이 제일 재미있었다는데 인수분해를 배울 때 수학에 대한 흥미를 잃었다고 했다. 그런데 진후와 함께 도형 문제 등을 풀면서 다시 수학에 재미를 붙이게 되었고 이후 중앙대 약대에 진학하였다.

그들은 요즘도 가끔 날 찾아와서는 그 당시를 생각하며 즐거운 불평을 털어놓는다.

"선생님은 숙제나 내주시고 문제 풀라고 시키기나 하셨지 도대체 가르쳐 주신 게 있어야죠~" ^^

이미지 수학의 혁명

이제 본격적으로 수학을 잘하는 방법에 대하여 얘기해보자. 지금까지 학생들의 사례에서 보듯 도형은 수학뿐만 아니라 모든 학문의 사고력에 아주 중요한 역할을 하고 있음을 알 수 있다.

왜 하필 도형인가??

먼저 우리의 머리 구조, 즉 뇌에 대하여 살펴보자. 우리의 뇌는 왼쪽 뇌와 오른쪽 뇌로 나누어져 있으며 인지과정에서 왼쪽 뇌와 오른쪽 뇌는 서로 다른 특성을 보이고 있다. 왼쪽 뇌는 주로 분석적이고 합리적이어서 과학적 활동을 한다. 즉 논리적, 언어적, 기억, 분류, 분석 등을 수행하는 반면 오른쪽 뇌는 주로 창의적이고 종합적이어서 예술적인 활동을 한다. 즉 이미지(도형), 미술적, 음악적, 직관적인 기능을 수행한다.

왼쪽 뇌와 오른쪽 뇌는 학습방법에서도 뚜렷한 차이를 보이고 있다.

초·중학교 과정의 수학 내용을 보면 숫자, 논리 그리고 도형, 그림 등이 잘 조화되어서 왼쪽 뇌와 오른쪽 뇌를 균형 있게 발달

▶ 직관과 창조를 위한 오른쪽 뇌와 논리와 추리를 위한 왼쪽 뇌.

시킬 수 있다. 그러나 실제 교육 현장에서는 주입식 교육이 대부분이어서 숫자와 논리 즉, 암기와 계산 기술에 치중하여 공부하고 있다. 실제 15페이지에 등장하는 학생의 예에서 보았듯이 사고력을 한참 키울 시기에 계산훈련을 연속적으로 연습하게 함으로써 왼쪽 뇌 우선적인 통제 교육, 닫힌 교육이 진행되고 있다.

왼쪽 뇌	오른쪽 뇌
논리적, 분석적, 체계적, 주입식 교육 스파르타식 통제교육 암기 위주 수업	직관적, 종합적, 주관적, 토론식 수업 아테네식 개방적 교육 창의성 위주 수업

어린아이의 경우 창조성과 사고력이 뛰어나서 오른쪽 뇌 우선적인 학습 성향을 보인다. 그러나 점점 자라면서 타인과의 관계 속에서 절제도 배우고 주관보다 객관적으로 사물, 현상을 바라보면서 왼쪽 뇌 성향의 학습을 자연스럽게 배우게 된다.

유치원	초등학교	중학교	고등학교
왼쪽 뇌 《 오른쪽 뇌	왼쪽 뇌 < 오른쪽 뇌	왼쪽 뇌 = 오른쪽 뇌	왼쪽 뇌 > 오른쪽 뇌

실제 수학교육 내용을 주로 사용하는 부분에 따라 왼쪽 뇌, 오른쪽 뇌로 간략히 구분하여 보면 다음과 같다.

어릴 때는 그림 맞추기, 그림으로 셈하기 등 오른쪽 뇌 성향의 수학교육이 대부분이지만 고등학교 교육 내용을 보면 개념적이고 논리적인 부분이 많아져 왼쪽 뇌 우선적이 된다. 그런데 실제 교육현장에서는 다음과 같이 가르친다.

유치원	초등학교	중학교	고등학교
왼쪽 뇌 < 오른쪽 뇌	왼쪽 뇌 = 오른쪽 뇌	왼쪽 뇌 > 오른쪽 뇌	왼쪽 뇌 >> 오른쪽 뇌

위의 두 가지 그림을 비교해보면 알 수 있듯이 실제 교육현장에서는 한 템포 빨리 왼쪽 뇌 우선적인 교육을 하고 있다. 이것은 매우 중요한 문제이다.

학교, 학원, 개인과외 등 지금 우리나라에서 시행되는 수학교육은 대부분 주입식으로 이루어지기 때문에 사고력, 상상력보다는 산수(숫자)와 논리에 치중하여 수업을 하고 있으며 고등학교쯤 되면 '밑줄 쫙' 식으로 수학을 암기하다시피 한다.

초·중학교 때는 재미있는 도형 짜 맞추기 등 사고력이 풍부한 오른쪽 뇌학습이 우선되어야 하는데 부모님은 학생들의 학교 성적에 우선적으로 관심을 쏟기 때문에 수많은 학습지에서 교육하는 숫자계산(셈)에 아이들을 혹사시키고 있다. 계산에 약하거나 자의식이 강한 아이들은 이렇게 지겨운 내용에 질려서 일찍부터 수학에 대한 거부감을 가지고, 수학하면 어렵고 자신 없는 과목이라고 생각하게 된다.

엄마 아빠 말씀을 잘 듣고 열심히 공부하여 학교 수학시험을 잘 보는 모범적인 학생이 공부를 잘하는 듯해도 오른쪽 뇌 성향의 사고력이 많이 퇴화되어 나중에 사고력이 많이 요구되는 고등학교 수학에서는 아무리 해도 점수가 오르지 않는, 응용력 부족의 상황에 부딪히기도 한다.

초·중학교 때 수학을 잘하는 아이가 왜 고등학교에 가서는 잘 못할까? 하는 의문은 학생들의 공부 내용을 보면 금방 알 수 있다. 고등학교에서 수학적 능력이 뛰어난 학생들에게 "중학교 때 수학 수업 중에서 어떤 내용이 제일 재미있었니?"라고 물어보면 거의 다 도형이 너무 재미있었다고 대답한다.

예를 들어 전교 1등 하는 한 여학생의 경우(이 친구는 수학을 너무 잘하는데 영어 때문에 고생이 심했다), 중학교 때 각도, 길이, 증명 등 도형이 너무 재미있었다고 한다. 그런데 고등학교에 올라와 인수분해에서 너무 당황하여 수학이 원래 이런 거였나 하고 재미를 잃어버리기 시작했지만 학교 시험 때문에 억지로 공부했다고 한다. 반대로 중학교 때 도형에 대해 재미를 못 느끼고 학교 시험 때문에 억지로 공부한 학생은 고등학교에 들어가면 거의 대부분 수학에서 무너진다. 이런 학생은 특별 처방이 없는 한 수학을 싫어하고 극단적인 경우 수학 때문에 대학을 못 가게 된다.

우리나라 고등학교 수학의 경우 수많은 새로운 개념이 한꺼번에 도입된다. 따라서 고등학교 때부터 수학공부를 한 학생은 왼쪽 뇌 위주로 공부할 수밖에 없고 이렇게 되면 응용력이 떨어져 아무

저기… 아빠,
난 예술가가 되고 싶으니까,
오른쪽 뇌를 두 개 넣어 주면 안 될까요?

▶ 몬스터 프랑켄슈타인의 진짜 비밀 : 오른쪽 뇌만 두 개!!

리 공부해도 수리영역 점수가 50~70퍼센트를 넘지 못한다. 반면에 중학교 때부터 도형 등의 사고력 위주의 오른쪽 뇌학습을 체계적으로 한 학생은 직관, 상상력이 풍부해서 조금만 공부해도 그 응용력이 폭발적으로 늘어나 100퍼센트에 가까운 점수를 얻는다. 즉 왼쪽 뇌학습법은 열 문제를 풀어서 열 문제를 겨우 다 알면 다행이고 오른쪽 뇌학습법은 한 문제만 풀어도 열 문제는 물론 다른 문제들까지 해결하게 된다.

만약 중학교 때 이미지 수학공부를 충분히 하지 않았다면 고등학교 때는 아무리 공부해도 응용력이 개선되지 않는 것일까? 당연히 그렇지 않다. 뒷장에 나오는 시냅스 회로 연결 등에서 자세히 설명하겠지만 오른쪽 뇌 중심의 창의력 개발은 고등학교에서도 충분히 가능하다. 칠공주 등의 예에서 본 바와 같이 고3 때 중학교 도형을 해도 오른쪽 뇌학습이 충분히 진행될 수 있으며 내 경험에서 보더라도 중학교 도형뿐만 아니라 상상력을 키우는 다양한 이미지 수학 문제들을 과제로 주면 학생들은 재미있게 풀어 나갔다. 고1 때부터도 이미지(상상력) 관련 문제를 풀면 사고력이 상당히 증가되어 명문대에 갈 수 있는 것은 물론이고 큰 수학자가 될 수 있는 소질을 개발할 수도 있다.

사랑하는 초·중·고등학생 여러분! 이미지학습은 학생 여러분의 오른쪽 뇌를 발달시켜 창의적 아이디어를 번뜩이게 합니다. 수학은 이미지라는 말이 있습니다. 수학은 개념, 논리 등에 앞서 직관적 통찰력이 선행되어야 합니다.

학생 여러분이 왼쪽 뇌 위주의 개념 암기식, 논리 위주의 학습을 지속하게 되면 누군가에게 늘 배워야 하는 과외 중독증에 빠질 수 있습니다. 여러분에게 물고기를 주면 자신은 물론 부모님도 먹음직스러운 물고기를 얻게 되어 좋아합니다. 그러나 여러분은 계속해서 물고기를 얻어야만 되고 스스로 잡는 법을 알 수 없게 됩니다.

현재 학원, 개인과외는 대부분 왼쪽 뇌학습법 위주로 구성되어 있습니다. 학생들은 끊임없이 물고기를 얻으러 유명 선생님을 찾아가거나 또는 과외선생님께 더욱 의존하게 됩니다. 학생 여러분은 끊임없이 배워야 되고 배운 내용을 외워야 합니다. 이런 식으로 계속되다 보면 과외 중독증이 되어갑니다. 끊임없이 노력하여도 결과는 50~70퍼센트를 넘지 못해 결국 스스로 좌절하게 됩니다.

만약 학생에게 물고기 잡는 법을 가르쳐 주면 처음에는 빈손일지 몰라도 곧 여러분이 원하는 대로 물고기를 잡을 수 있습니다. 여러분이 배워야 하는 것은 물고기 잡는 방법입니다.

이미지 수학으로 오른쪽 뇌를 깨어나게 해주세요!! 파이팅~!! ^^)/

아인슈타인의 교훈

위인들 가운데 가장 창의성 있는 사람은 아마 아인슈타인일 것이다. 아인슈타인은 세 살이 넘도록 말을 제대로 못하여 머리가 모자란 것이 아닌가하고 가족들이 걱정을 할 정도였다. 말을 시작한 뒤에도 말수가 적어 총명한 구석이라곤 찾아볼 수가 없었다고 한다. 초등학교 때 학교성적은 엉망이었고 친구들은 아인슈타인에게 '바보', '딱정벌레', '미련퉁이', '촌놈' 등의 별명을 지어주면서 놀렸다고 한다.

특히 암기력이 부족하여 그리스어 선생님께 미움을 사서 상당히 곤혹을 치르기도 하였다. 그러나 아인슈타인은 창의적인 오른쪽 뇌를 사용하는 학습을 누구보다 많이 한 것으로 알려져 있다. 왼쪽 뇌의 주입식학습, 암기 등은 싫어했지만 자율적이고 상상력을 키우는 학습은 열심히 하였다. 어릴 때부터 장난감 나무로 복잡한 건물을 만들거나 두꺼운 종이로 14층이나 되는 건물을 짓는 일 등에 심취했다고 한다. 또 바이올린 연주를 좋아했는데 기술 쌓는 훈련으로서의 바이올린 연주는 싫어했지만 아름다운 음악 연주에 대한 갈망은 대단했던 것으로 알려져 있다.

나는 6살 때부터 14살 때까지 바이올린을 배웠는데 선생님에게 배운 것은 한낱 기술 쌓는 훈련에 지나지 않았습니다. 13세 무렵에 모차르트의 소나타에 깊이 빠졌으며 비로소 진지하게 바이올린을 배우게 되었습니다. 나는 소나타의 아름다운 내용과 우아함을 연주해보고 싶었고 그래서 열심히 바이올린 연습을 했습니다.

아인슈타인은 바이올린 연주도 왼쪽 뇌 위주의 단순반복 연습이 아니라 오른쪽 뇌 위주의 감성적이고 예술적인 차원에서 심취했던 것을 알 수 있다. 아인슈타인은 물리학자로 알려져 있지만 인류가 낳은 최고의 수학자이기도 하다. 그가 수학을 잘하게 된 결정적인 계기는 초등학교 4학년 때 삼촌 야곱으로부터 유클리드 기하를 배운 것이었다고 한다. 삼촌으로부터 처음 배운 것은 피타고라스 정리였는데 이 정리에 흠뻑 빠져들면서 수학공부에서 더없는 기쁨을 느끼게 되었다. 이 일생일대의 사건에 의하여 아인슈타인은 기하학에 입문하게 되었고 수학이라는 새로운 학문에 심취하여 20세기 최고의 학자가 되었다. 천재는 99퍼센트 노력에 의하여 만들어 진다고 에디슨이 말했고 아인슈타인은 그 99퍼센트 노력은 99퍼센트 이미지(상상력)학습이라고 했다.

암기와 논리는 별로 중요하지 않았습니다. 새로운 사고와 아이디어를 이끌어 내는데 필요한 것은 이미지였습니다.

-알버트 아인슈타인

잘못된 공부법 머리 망친다

반복 고립된 학습은
창조적 사고력을 마비시킨다

　　본 책의 저술에 많은 도움을 준 김상희 선생님이 가르친 학생 중 다혜와 초원이의 예는 주목할 만하다. 다혜는 모범적이고 성실한 학생이어서 고등학교 3년 내내 상위권 성적을 유지하였다. 고1 때는 전교 7등 내를 유지했고 고등학교 2, 3학년 때는 학교 내신에서 수학 점수가 항상 만점이었다. 수학능력시험 성적은 내신 성적에 비해 저조하여 수리영역에서 67점(당시 80점 만점)을 받았었고, 서울의 중위권 대학에 진학하였다. 다혜는 그 대학에 만족하지 못하고 재수를 시작하였다.

　　한편 초원이의 고등학교 내신 성적은 언급하기 미안할 정도로 거의 바닥이었고 고3 첫 번째 수능모의고사 때 수리영역 점수는 12점으로 그냥 찍는다고 해도 이보다는 좋은 점수가 나올 정도였다. 초원이는 중학교 때까지는 수학도 잘하고 학교 성적도 우수한 편이었으나 고등학교에 들어와서 공부에 담을 쌓고 놀기만 하다가 고3이 되어서 정신을 차리고 다시 공부를 시작하는 상황이었다.

초원이는 고3 때 열심히 해서 수학능력시험에서 수리영역을 42점이나 받았다. 그래도 대학 가기엔 역부족이어서 그해 12월 말부터 바로 재수를 시작했다. 필자도 그때 초원이를 몇 달 지도했었는데 개념적 사고력은 상당히 부족하였지만 응용력은 좀 나은 편이었다.

다혜는 재수하면서 개념정리를 더욱 확실히 하고 거의 모든 수능모의고사문제를 풀었다. 수업태도도 굉장히 진지하고 성실했으며 선생님 설명을 놓치지 않으려 애썼다. 성실하고 모범적이었지만 다혜는 주입식 교육이 낳은 전형적인 학생이었다. 열심히 노력했음에도 불구하고 수능모의고사 수리영역 점수는 항상 60~70점 사이에서만 맴돌고 더 이상 진전이 없었다.

초원이는 재수기간 동안 굉장히 열심히 공부에 몰입하였다. 개념에 대해 잘 이해되지 않은 것이나 잘 모르는 문제는 다혜에게 배우기도 했다. 재수 초기 초원이의 실력은 다혜에 비하면 거의 바닥이었다. 열심히 하려고는 했으나 수업시간에 다혜만큼 선생님 설명에 열중하는 것 같지 않았다. 다소 산만한 듯했지만 좋아하는 분야는 혼자 열심히 풀기도 했다. 초원이의 수학실력은 날마다 향상되었고 7월에는 수능모의고사 수리영역 성적이 다혜와 비슷하게 60~70점에 도달하였다.

다혜는 수학성적이 계속 제자리를 맴돌고 나아지는 기미가 보이지 않아서 점점 조급해했다. 결국 다혜는 이과가 적성에 맞지 않다고 생각하고 문과로 바꾸기로 결심했다. 그는 사회탐구영역과 언어영역공부에 매진했다. 워낙 성실하고 모범적이어서 사회탐구와 언어를 학습하고 또 반복했다.

시간은 흘러 수학능력시험은 어김없이 찾아왔다. 수학능력시험 결과 다혜의 수리영역 성적은 재수하기 전과 비슷했고 언어와 사회탐구는 기대한 만큼 나오지 못했다. 결국 다혜는 교차지원으로 다시 이과를 지망했고 서울의 중위권 대학에 입학하였다. 반면 초원이는 수리영역에서 고득점을 받았고 언어와 사회탐구도 비교적 잘 나왔다. 초원이는 내신성적이 엉망이었지만 비교내신으로 한양대에 입학하였다.

어쩌면 다혜는 암기식 주입식공부법으로 받을 수 있는 최대의 점수를 얻은 것일지도 모른다. 다혜는 수학에서 창의적이고 풍부한 이미지적 사고력을 키우지 못한 결과, 사회탐구영역과 언어영역까지 원하는 점수를 얻지 못했다.

고등학교 교사인 친구가 자기네 학교에 아주 특이한 남학생이 한 명 있다고 이야기해준 적이 있다. 그 학생은 초·중·고등학교까지 한번도 1등을 놓친 적이 없었고 지금도 계속 전교 1등이지만 수능모의고사를 보면 언어, 외국어, 과학탐구 등은 모두 1등급으로 만점에 가까운 점수인데 비해 수리영역만 유독 2등급에서 헤맨다는 것이었다. 물론 학교 내신 수학 성적은 100점이었다.

학교 수학 선생님들도 그 학생은 정말 뛰어난 학생이며 수학 문제를 모르는 것이 없을 정도로 잘한다고 입을 모았다. 그런데 수능모의고사 점수가 제대로 나오지 않는 것을 보면 응용력이 부족한 때문이 아닌가 싶었다. 그런데 꼭 그런 것만은 아니었다. 그 학생은 응용력 있는 문제도 잘 풀었기 때문에 어떤 선생님은 그 학생이 너무 경직되어 융통성이 없어서 그런 것 같다고도 했다.

그 학생은 의대를 가고 싶어 했는데 수학 때문에 다소 힘들 것 같았다. 난 너무 궁금하여 친구에게 그 학생을 만나 보고 싶다고 청했고 친구는 그 학생을 소개시켜 줬다. 학생은 매우 모범적이었다. 난 그에게 하루 생활에 대해서 물어보았다.

숨막힐 듯한 스케줄 속에서 하루하루를 정말 열심히 살아가고 있었다.

"고3이 되기 전에도 이렇게 빡빡하게 살았니?"

"늘 이렇게 해왔는데요~"

"친구들은 많냐?"

"글쎄요, 많은 것은 아닌데 친한 친구는 몇 명 있어요." ^^

"사는 것은 재미있니?"

"즐겁지는 않아도 힘든 것도 별로 없는데~"

"수학공부는 어떻게 해?"

"선생님들이 내주시는 과제를 풀고, 참고서도 풀고 수학을 제일 많이 공부해요~"

"문제는 잘 풀려?"

"거의 다 풀리는데~~"

"근데 왜 실전 수능모의고사에서는 헤매냐?"

"저도 잘 모르겠어요. 한심해요." ㅠㅠ

난 좀 응용력 있는 어려운 문제 다섯 개로 학생의 수학 실력을 테스트해보았다. 시간은 좀 걸렸지만 모든 문제를 정확히 다 풀었다. 난 몹시 당황스러웠다. 이 정도면 수학 실력이 거의 최고의 경지에 있다고 할 수 있었다.

"수학 아주 잘하는구나~!!"

학생의 대답은 너무 의외였다.

"다 풀어본 문제예요~"

난 순간 뒤통수를 망치로 얻어맞은 느낌이었다. 다시 다음과 같은 색다른 문제를 내어 보았다.

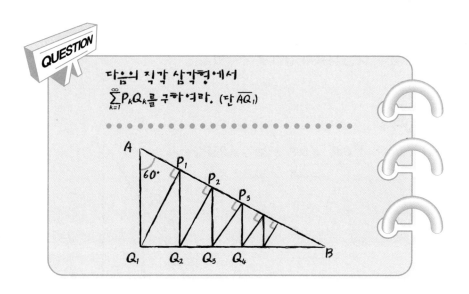

QUESTION

다음의 직각 삼각형에서 $\sum_{k=1}^{\infty} P_k Q_k$를 구하여라. (단 $\overline{AQ_1}$)

학생은 큰 어려움 없이 삼각비를 이용하여 다음과 같이 풀었다.

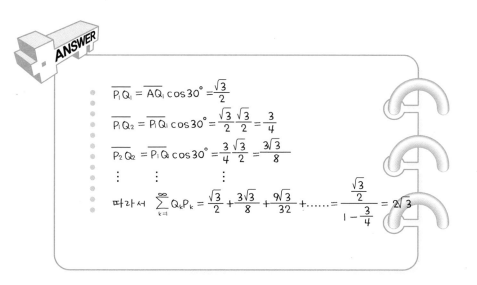

ANSWER

$$\overline{P_1 Q_1} = \overline{AQ_1} \cos 30° = \frac{\sqrt{3}}{2}$$

$$\overline{P_1 Q_2} = \overline{P_1 Q_1} \cos 30° = \frac{\sqrt{3}}{2} \frac{\sqrt{3}}{2} = \frac{3}{4}$$

$$\overline{P_2 Q_2} = \overline{P_1 Q_1} \cos 30° = \frac{3}{4} \frac{\sqrt{3}}{2} = \frac{3\sqrt{3}}{8}$$

$$\vdots \qquad \vdots \qquad \vdots$$

따라서 $\sum_{k=1}^{\infty} Q_k P_k = \frac{\sqrt{3}}{2} + \frac{3\sqrt{3}}{8} + \frac{9\sqrt{3}}{32} + \cdots\cdots = \frac{\frac{\sqrt{3}}{2}}{1 - \frac{3}{4}} = 2\sqrt{3}$

다른 방법을 찾아보라고 했더니 한참 생각하다가 잘 모르겠다고 했다. 나는 다음과 같이 풀어 주었다.

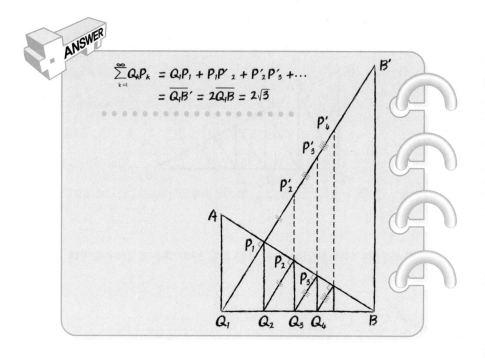

$$\sum_{k=1}^{\infty} \overline{Q_k P_k} = \overline{Q_1 P_1} + \overline{P_1 P'_2} + \overline{P'_2 P'_3} + \cdots$$
$$= \overline{Q_1 B'} = 2\overline{Q_1 B} = 2\sqrt{3}$$

그 학생이 다른 방법을 찾을 거라는 기대는 하지 않았지만 수학
문제를 푸는 방법은 다양하고 특히 그림 속에서 찾아내는 훈련이
중요하다는 이야기를 해주고 싶었다.

"새로운 방법이 어떠니?"

"신~기하네요~"

학생은 처음 보는 수학 문제 문제 풀이 방법 때문에 약간 흥분한
것 같았다.

"너 수학을 좋아하니?"

"싫어하지는 않는데, 물리가 더 재미있어요~"

"그럼 수학도 당연히 재미있을 텐데……."

"글쎄요~"

"너무 유사하고 많은 문제를 풀어서 수학이 지겨워진 것 아니니?"

"그런 것 같기도 하고요." ㅠㅠ

나는 화제를 돌려서 학생에게 부분적분법 문제를 몇 개 내주었다.

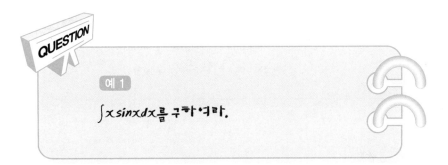

예 1

$\int x \sin x \, dx$를 구하여라.

$\int uv' = uv - u'v$ 이므로

$\int x \sin x \, dx = -x \cos x - \int (-\cos x) \, dx$

$= -x \cos x + \sin x + C$

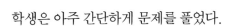

학생은 아주 간단하게 문제를 풀었다.

QUESTION

예 2

$\int x^2 \sin x dx$를 구하여라.

ANSWER

$$\int x^2 \sin x dx = -x^2 \cos x - \int 2x(-\cos x)dx$$
$$= -x^2 \cos x + 2(x\sin x - \int \sin x dx)$$
$$= -x^2 \cos x + 2x\sin x + 2\cos x + C$$

QUESTION

예 3

$\int x^3 \sin x dx$를 구하여라.

"음……, 할 수는 있는데 좀 복잡하고 귀찮네요."

"그럼 부분적분을 도표로 나타내서 이렇게 나열하면 어떨까?"

예 1

x	$\sin x$
1	$-\cos x$ +
0	$-\sin x$ −

즉, $-x\cos x + \sin x + C$

예 2

x^2	$\sin x$
$2x$	$-\cos x$ +
2	$-\sin x$ −
0	$\cos x$ +

즉, $-x^2\cos x + 2x\sin x$
$+ 2\cos x + C$

예 3

x^3	$\sin x$
$3x^2$	$-\cos x$ +
$6x$	$-\sin x$ −
6	$\cos x$ +
0	$-\sin x$ −

즉, $-x^3\cos x + 3x^2\sin x$
$+ 6x\cos x - 6\sin x + C$

· ·

이상에서 $\int x^n f(x)\,dx$의 적분은?

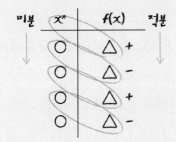

왼쪽 항은 계속 미분하여 내려가고
오른쪽 항은 계속 적분하여 내려
적은 다음 대각선으로 위쪽부터
+ − + − …의 부호를 교대로
사용하면 된다.

학생은 새로운 풀이법을 무척 재미있어 했다.

"이렇게 풀어보니 재미있니?"

"예, 신기하기도 하고요~" ^^

"왜 그렇지?"

"글쎄요. 쉽게 푸시는 것 같아요."

"그럼 위의 풀이법들의 공통점은 뭘까?"

"으음…… 새롭다는 거요?!" ㅠ_ㅠ

"응, 위의 풀이법들이 좀더 머릿속에 잘 들어오지 않니?"

"예 머리에 쏙쏙 들어와요~"

"그건 풀이를 이미지화했기 때문이야. 즉 상상하기 쉽게 푸는 것이지~. 넌 많은 개념과 고등학교 수학의 논리를 알고 있기는 하지만 그건 단지 암기를 통해 얻은 지식일 뿐이고, 너의 것으로 충분히 소화하지 못하고 있는 것 같아~ 논술형(서술형)학습이 되지 못해서 사고가 체계화되지 못하고, 결국 논리가 이미지화되지 못해서 추상적으로 그냥 남아있는 상태야."

학생은 아주 진지하게 이야기를 들었다. 그는 내 이야기에 수긍하는 것 같았다.

학생은 순발력도 있었고 또 성실하고 부지런했지만 공부하는 방법에 중요한 문제점이 있는 것은 분명했다.

나는 학생의 정확한 상태를 파악하기 위해서 다음과 같은 숙제를 내주고 다음날까지 해오라고 했다.

1. 어떻게 부분적분이 도표 속에서 앞의 풀이처럼 해결
  될 수 있는지 원리를 찾을 것.
2. $\int \ln x \, dx$, $\int e^x \sin x \, dx$ 의 적분법도 개발해 볼 것.

나는 상위권 학생들에게 논술형 숙제를 자주 내주곤 한다. 이와 같은 논술형 문제를 풀면서 학생들은 사고를 더 체계화하고 이미 지화하게 된다. 즉 추상적 논리를 자기 것으로 만들게 되는 것이다. 논술형에 대해서는 7장에서 자세히 설명할 것이다.

다음날 그 학생을 만났는데 숙제를 제대로 못한 상태였다. 학교 숙제가 많아서 바쁘기도 했지만 그것보다 적분법의 원리는 대충 이해되는데 새로운 문제에 대한 것은 잘 모르겠다고 했다.

사고력이 풍부한 학생의 경우에는 대부분 $\int \ln x \, dx$의 풀이법을 나름대로 별 어려움 없이 개발해온다. 수학에 자신 있는 독자 여러분들도 한 번 꼭 스스로 개발해 보길! 70페이지에 적분법이 정리되어 있으니 자신의 방법과 비교해 보면 좋을 것이다.

그 학생의 경우 물리를 좋아하는 것을 보면, 직관적 사고력이 부족한 것은 아닌 것 같았다. 다만 단순 반복적인 학교 교과 또는 수능모의고사 문제를 지루하게 풀다보니 수학적 사고력에 이상이

생긴 것 같았다.

이 학생은 결코 수학을 못하는 것이 아니었다. 수학에서 만점을 받을 수 있는 실력인데도 불구하고 한두 개씩 틀리는 것이 고민이었다. 즉, 고난이도 사고력 문제에 직면하면 당황하여 자신감을 상실하는 듯했다. 꼭 징크스가 있듯이~

이 학생은 거의 모든 수학 문제를 암기하다시피 풀고 있었으며 잘 모르는 문제는 오답노트에 정리까지 하고 있었다. 나는 학생이 그 동안 학교 내신에 너무 충실하여 암기 위주의 왼쪽 뇌가 많이 발달되어있고 사고력, 상상력, 창조력의 오른쪽 뇌를 상대적으로 덜 사용하고 있다고 설명해주었다.

학생은 몹시 실망하는 것 같았다. 자기는 이제 입시가 3개월밖에 안 남았는데 어떻게 해야 하냐고 물었다. 나는 창조력, 사고력에 대한 시냅스 연결은 나이가 들어도 가능하니까 자신감을 갖고 즐겁게 해보라고 했다. 3개월 만에 될 수 있냐고 물어서 가능할 수도 있고 아닐 수도 있는데 시도는 해야 되지 않겠냐고 대답해주었다.

고3 학생이라 할 일이 많음에도 불구하고 그 학생은 워낙 성실했다. 다른 공부로 바쁜 와중에도 이미지 문제 등과 복합된 사고력 문제를 논술형으로 열심히 풀었다. 그러나 3개월은 그 학생의 머리를 바꾸기엔 너무 짧은 기간이었고 안타깝게도 그해 수리영역에서는 정통적인 교과서형 문제가 아닌 사고력을 요구하는 새로운 문제들이 많이 출제 되었다.

결국 그 학생은 수리영역에서 두 개를 틀려서 원하던 의대의 꿈이 좌절되었다.

반복 고립된 학습은 창조적 사고력을 마비시킨다

인간의 뇌는 전체 몸무게의 2퍼센트(1300~1400그램)밖에 안 되지만 심장에서 나가는 피의 15퍼센트를 소비하며 활동하지 않을 때도 호흡을 통해 마시는 산소의 20퍼센트 이상을 소비한다. 이같이 인간의 두뇌 활동은 엄청난 에너지를 요구한다.

뇌세포는 10퍼센트의 뉴런(neuron, 신경세포)과 90퍼센트의 지주세포(glial cell)로 이루어져 있다. 지주세포는 뉴런을 둘러싸고 있으며 뇌세포 중 제일 많은 양으로 뇌 무게의 절반을 차지하고 있다. 지주세포는 세포체가 없으며 영양운반, 면역체 조성, 죽은 뉴런 처리작업 등을 통해 뉴런을 보호해주고 있다. 뉴런은 약 천억 개 정도이며 지주세포보다는 적지만 뇌 활동을 수행하는 중추역할을 하며 뇌의 기본 단위라 할 수 있다.

뉴런은 수상돌기, 세포체, 축색돌기 등으로 구성되어 있다. 뉴런과 뉴런이 연결되는 부위는 미세한 틈을 두고 이어져 있는데 이것을 시냅스(synapse)라 한다. 즉 시냅스는 수상돌기 사이에 있는 공간으로 뇌 활동은 주로 여기서 일어난다. 뉴런의 수는 태어날 때부터 정해져 있으나 수상돌기 수는 학습의 양, 정보처리 능력에 따라 증가한다. 일반적으로 학습이라고 하는 것은 시냅스에서 이루어지며 천억 개의 뉴런은 대부분 시냅스 연결이 제대로 되어있지 않다.

학습 등으로 습득하는 지적능력은 뉴런의 수를 증가시키는 것이 아니라 뉴런 간의 시냅스 연결망을 구축하고 향상시킨다. 결국 공부는 뉴런 간의 시냅스 회로를 연결하는 작업이라고 할 수 있으며 수학 문제를 잘 푼다는 것은 시냅스 회로망이 원활하게 잘 활성화되어 있는 상태에서 가능하다고 할 수 있다.

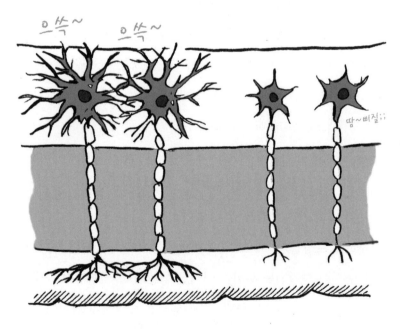

▶ 학습을 통해 활성화된 뉴런과 그렇지 않은 뉴런의 비교.

그런데 이런 시냅스 회로망 구축에서 놀랄 만한 사실은 특정한 시냅스 회로가 증가되면 다른 시냅스들이 약해진다는 사실이다. 휴블과 비셀의 고양이 시각피질 실험(1950년대)은 이런 사실을 입증하는 대표적 연구이다. 이 연구에 의하면 왼쪽 또는 오른쪽의 한쪽 눈에 자극을 지속적으로 주면 그쪽 눈의 시냅스가 발달될 뿐만 아니라 다른 쪽 눈의 시냅스 회로가 기능을 상실한다는 것이다. 결국 뇌 안의 신경세포인 뉴런들은 끊임없이 경쟁하고 있다고 볼 수 있다.

　분자 생물학적으로 완전히 규명된 것은 아니지만 뉴로트로핀(Neurotrophin)이라는 신경 영향 인자를 두고 뉴런들은 서로 경쟁하고 있는 것으로 추측되고 있다. 신경세포인 뉴런에게는 뉴로트로핀이 일종의 먹이 역할을 하여 활동적으로 많이 사용되는 뉴런들은 다른 뉴런들보다 더 많은 뉴로트로핀을 얻을 수 있다.

　따라서 특정학습이 집중되면 그쪽 시냅스가 발달하여 다른 쪽 시냅스는 기능이 저하될 수 있다는 사실을 알 수 있다. 이런 시냅스 회로망에 대한 뇌 과학적 연구 자료를 통해 앞에서 예로 든 학생의 경우 응용력과 창조적 사고능력이 현저하게 줄어있는 이유를 알 수 있다.

　다혜와 또 다른 학생은 학교 내신을 위하여 반복된 유사 문제를 거의 암기하다시피 공부하였다. 결국 단기적 암기능력과 기초 문제풀이에 탁월한 능력을 보일 수 있으나 상대적으로 상상력이 풍부한 창조적 사고력은 그 기능이 상당히 상실되었다고 볼 수 있다. 이것은 굉장히 중요한 문제이다. **공부를 열심히 한다고 머리가 좋아지는 것이 아니라 공부 방법이 나쁘면 도리어 공부하면서 바보가 될 수 있다는 것이다.**

우리나라의 수많은 어린 인재들이 주입식 교육과 단순한 반복 암기학습에 의하여 뇌의 창조적 기능이 저하되어 바보가 되어가고 있다면 어찌 통탄할 일이 아니겠는가? 나는 실제 교육 현장에서 이러한 사실을 자주 보게 된다. 소위 강남의 엘리트 학생들의 수학 실력을 보면 중상위권은 많지만 아주 뛰어난 경우는 발견하기 힘들다. 반면에 다른 지역의 학생들 중에는 수학 실력이 너무 뛰어나 탄성을 자아내게 하는 경우가 많이 있다. 공부를 할

아잇~ 난 지금 머리카락 심고 있는 거라구요!!

▶외계인이 되어가는 아이들 : 뇌는 에베레스트 정상이 아니다!

수록 바보가 된다면 이것은 교육적으로 매우 큰 문제가 된다.

그러나 올바른 공부는 풍부한 상상력과 사고력을 키워서 건전하고 창조적인 사람이 되게 할 뿐만 아니라 당장 현 입시제도에서도 명문대학에 갈 수 있는 지름길이 된다.

부분적분법

앞서 서술한 부분적분법의 원리를 잘 파악하면 이 적분 방법도 충분히 유추해낼 수 있다. 아래 설명을 보기 전에 꼭 스스로 그 방법을 찾아보길 바란다. 그 다음에 아래 풀이법을 참고해 보시길.

먼저 일반적인 방법은,

$$\int uv' = uv - \int u'v \text{ 이므로}$$

$$\int 1 \cdot lnx = xlnx - \int x \cdot \frac{1}{x} dx = xlnx - x + C$$

따라서 도표에는 다음과 같이 쓸 수 있다.

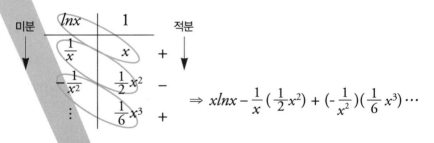

위에서와 같이 미분 적분 항이 끝없이 계속된다. 그래서 중간에 멈추는 장치가 필요하다. 비스듬히 연산할 경우 그냥 곱하면 되지만 똑바로 옆으로 연산하면 적분기호를 붙이고 이 시스템이 중지된다.

❶

lnx	1

$$\Rightarrow \int 1 \cdot lnx dx$$

❷

lnx	1
$\frac{1}{x}$	x

$+$
$-$

$$\Rightarrow xlnx - \int \frac{1}{x} \cdot x dx = xlnx - x + C$$

❸

lnx	1
$\frac{1}{x}$	x
$-\frac{1}{x^2}$	$\frac{1}{2}x^2$

$+$
$-$
$+$

$$\Rightarrow xlnx - \frac{1}{x}(\frac{1}{2}x^2) + \int (-\frac{1}{x^2})\frac{1}{2}x^2 dx$$
$$= xlnx - x + C$$

예 1 $\int x\,lnx\,dx$ 를 계산하면,

$$\frac{\begin{array}{c|c} lnx & x \\ \hline \dfrac{1}{x} & \dfrac{1}{2}x^2 \end{array}}{} \begin{array}{c} + \\ - \end{array}$$

즉, $\dfrac{1}{2}x^2 lnx - \int \dfrac{1}{x} \cdot \dfrac{1}{2}x^2\,dx$

$\qquad = \dfrac{1}{2}x^2 lnx - \dfrac{1}{4}x^2 + C$

예 2 $\int x^2\,lnx\,dx$ 를 계산하면,

$$\frac{\begin{array}{c|c} lnx & x \\ \hline \dfrac{1}{x} & \dfrac{1}{3}x^3 \end{array}}{} \begin{array}{c} + \\ - \end{array}$$

즉, $\dfrac{1}{3}x^3 lnx - \int \dfrac{1}{x}\left(\dfrac{1}{3}x^3\right)dx$

$\qquad = \dfrac{1}{3}x^3 lnx - \dfrac{1}{9}x^3 + C$

예 3 $\int e^x sinxdx$ 는 순환형으로 다시 같은 형태가 반복되는 것을 이용한다.

$$\int e^x sinxdx = e^x sinx - e^x cosx + \int -e^x sinxdx$$

$$\therefore 2\int e^x sinxdx = e^x(sinx - cosx)$$

$$\therefore \int e^x sinxdx = \frac{1}{2} e^x(sinx - cosx) + C$$

5 개념(Dog Idea)이 죽어야 개념이 산다

개념의 재정립

암기식의 한정되고 변하지 않는 개념은 Dog Idea일 뿐이다. 이것은 수학을 딱딱하게 하고 응용력을 떨어뜨리는 원인이 된다. 진짜 개념은 학생들이 문제 속에서 그 의미를 수정, 재창조하고 이미 지화시킴으로써 자기 것으로 재정립하게 한다.

이미지 수학으로 이제 막 수학공부에 흥미를 느끼고 열심히 공부하던 범식이가 어느 날 갑자기 나에게 함수가 무엇이냐는 질문을 했다. 난 평소 말투대로 소리쳤다.

"야이 새꺄! 훌륭한 책을 다 놓아두고 왜 나한테 묻냐? 네가 알아서 날 좀 가르쳐 봐라!!"

범식이는 전날 아버지께 혼난 일을 이야기해주었다. 함수 문제를 풀고 있는 것을 보신 아버지께서 함수가 무엇이냐고 물었는데 대답을 못하니까 수학의 개념이 없다고 하시면서, 개념을 공부해야 기초가 탄탄해지고 수학을 잘할 수 있다고 하셨다나……. 나는 학생 입장도 이해되고 아버지 입장도 이해되었다. 그래서 개념과 수학공부에 대한 참고문헌을 복사하여 아버지께 보여 드리라고 했다.

……함수는 어느 두 순서쌍도 첫 번째 원소가 같지 않은 순서쌍의 집합인 관계로 정의하였다.……이와 같이 도입된 많은 새로운 용어는 교육적으로 특별한 도움을 주지 못하였으며 오히려 역효과가 초래되었다.……추상적인 개념 대신에 가능한 한 구체적인 예를 제시해야 한다. 학생들이 함수의 일반적인 정의를 제시하지 못하는 것은 큰 문제가 되지 않으며, $y=2x$, $y=x^2$ 등과 같은 구체적인 함수를 알고 그것을 다루는 방법을 알면 족하다. 어느 정도 함수를 다루는 경험을 하면 학생들은 스스로 정의를 할 수 있게 되며 더욱 경험이 쌓여 그 정의를 수정하게 된다고 하여 어떤 재난도 일어나지 않는다.

우정호, 「수학학습-지도 원리와 방법」, 서울대출판부, 2000, p.40.

다음날 학생 아버지로부터 죄송하고 또 고맙다는 전화를 받았다. 그 학생은 열심히 공부한 결과 사고력이 눈에 띄게 향상되었으며 스스로 함수에 대한 개념을 깨닫게 되었다.

재수생 중에 수학을 아주 잘하는 진경이가 교무실로 찾아와서 "선생님, 1이 소수예요?"라고 물었다. 평소에는 잘 하지 않던 질문을 하기에 왜 물어보냐고 오히려 반문했다. 진경이는 수학능력시험 문제에 다음과 같은 문제가 출제되었다며 소수의 정의와 개념이 필요하다고 말했다.

임의의 양의 실수 x에 대하여, x를 넘지 않는 소수의 개수를 $f(x)$라 하자. 예를 들면, $f\left(\dfrac{5}{2}\right) = 1$, $f(5) = 3$ 이다.

〈보기〉중 옳은 것을 모두 고르면? ('99 수능)

─────────── 〈보 기〉 ───────────

ㄱ. $f(10) = 4$

ㄴ. 임의의 양의 실수 에 대하여 $f(x) < x$이다.

ㄷ. 임의의 양의 실수 에 대하여 $f(x+1) = f(x)$ 이다.

① ㄱ   ② ㄱ, ㄴ   ③ ㄱ, ㄷ

④ ㄴ, ㄷ   ⑤ ㄱ, ㄴ, ㄷ

"그래서 문제를 못 풀었어?"

"아뇨, 답은 2번이에요. 풀었어요."

"근데??"

"갑자기 소수의 개념이 생각 안 나서요." ㅠㅠ

난 빅 파이브(난 당시 수학을 잘하는 학생 다섯 명을 그렇게 불렀다)를 다 교무실로 오라고 하여 1이 소수냐고 물어보니 한 명만 대답하였고 나머지 학생들은 부끄러워 안절부절 못하고 있었다.

"태식아, 너 저 문제를 보고 1이 소수인지 아닌지 파악해봐라."

"예, 으음. $f(5)=3$ 이므로, 2, 3, 5…… 으음, 1은 소수가 아니네요."

"그럼 소수가 뭐야?"

"예. 음~ 1과 그 자신만 약수로 갖는 수입니다. 단 1은 제외되고요."

"그 봐~, 문제 속에서 벌써 개념을 파악하고 유추할 수 있잖아." ^^

이제 학생들은 소수와 1 그리고 합성수에 대한 개념을 알 때가 된 것 같아 이 기회에 머릿속에 잘 정리하여 두라고 당부하였다.

"1이 소수인가, 아닌가?"라는 문제가 뭐 그리 중요하겠는가. 그것은 수학 변두리의 단계적 사고 또는 암기에 불과하다. 빅 파이브는 풍부한 상상력과 사고력으로 문제를 해결하고 문제 속에서 개념을 유도하고 정리하는 학생들이었다. 앞서 70페이지에서 서술한 부분적분법을 스스로 개발하여 온 학생들이기도 했다. 이들은 단순 개념으로부터 새로운 논리와 식을 유도해낼 수 있는 학생들로 수능모의고사 때 주로 만점을 받았고 가끔 한 문제를 틀릴까말까하는 학생들이었다. 그들은 개념(Dog Idea)이 아니라 진짜 개념 있는 학생들이었다.

특히 진경이의 경우 직관적 창의력과 응용력이 뛰어났다. 그런데 기초적인 개념을 몰라서 다른 선생님들께 핀잔을 들을 때가 종종 있었다.

"선생님, 개념을 꼭 알아야 해요?"

"왜?"

"선생님은 개념보다 사고력을 더 중요시하잖아요?"

"무슨 소리야 개념도 중요해~!!"

"안 그러시면서……. ㅎㅎ 전 선생님이 개념을 모른다고 핀잔을 주지 않아서 너무 좋아요. ^^ 어떤 선생님이 방정식이 뭐냐고 물으시는데 갑자기 생각이 안 나서 당황했었어요. 그 선생님께서 너는 개념도 모르고 공부하냐며 한심해 하셨어요. 그때 자존심이 너무 상해서 책에서 방정식의 정의를 읽고 외워버렸어요. 근데 외운 것은 금방 까먹더라고요. ㅠ_ㅠ 그래서 개념이 싫어요~.").〈

"네가 말하는 개념은 Dog Idea야. 그건 남의 말을 되풀이하는 앵무새와 같은 것이지. 네 것이 될 수 없고 따라서 응용력도 없어."

"Dog Idea?? ㅎㅎ 그럼 진짜 개념은 뭐예요?"

"진짜 개념은 스스로 깨닫고 또 체계화하는 것이지~~"

"예??"

"너는 수학 문제를 많이 풀면 뭐가 남는 것 같니?"

"으음……, 사고력…… 아닌가요?" ^^a

"그렇지, 그리고??"

"글쎄요……." ㅠ_ㅠ

"사고력이 체계화되지~~ 즉 문제 속에서 개념의 다른 면을 발견하고 또 수정하면서 개념을 재정립하게 된다. 그게 진짜 개념이야."

"그렇구나~~~~~"

"네가 문제를 풀고 나면 진짜 개념이 머릿속에 남게 된단다."

진영이는 수학적 사고력은 우수했으나 암기력은 꽝이었다. 미적분에 나오는 삼각함수 공식을 도저히 외울 수 없을 정도였다. 따라서 매번 시험을 치기 직전에 순간적으로 공식을 외웠다가 시험지를 받으면 그 공식부터 문제지에 적고 시험을 치르곤 했다. 수학능력시험 때도 역시 그렇게 했다고 한다. 그러나 창의적 사고력은 뛰어났고 고등학교 수학의 사고체계가 잘 정리되어 있었기 때문에 수학능력시험에서 고득점을 받아 이후 포천중문의대에 입학하였다.

개념의 재정립

어떤 선생님은 수학에서 개념이 제일 중요하다고 말씀하시고 또 다른 선생님은 개념보다는 문제해결 능력이 중요하다고 말씀하신다. 두 분의 의견 모두 맞기도 하고 틀리기도 하다.

만약 선생님이 학생에게 지나치게 개념을 강조한다고 하자. 학생이 그 개념을 암기하거나 또는 추상적 개념을 충분히 소화하지 못하여 흥미를 잃어버린다면 그것은 진짜 개념이 아니라 개념(Dog Idea)일 뿐이다. 그런 암기된 개념(Dog Idea)은 기억의 파편에 지나지 않아서 시냅스 회로에 연결되지 못하고 응용력이나 문제해결에 전혀 도움이 되지 못한다.

또 개념보다 문제해결을 너무 강요하게 되면 단편적으로 문제만 풀다가 올바른 사고체계를 정립하지 못하게 된다. 즉 문제 속에서 스스로 개념을 정립할 수 없으면 그것은 그때그때의 임기응변식 문제풀이에 지나지 않는다. 이것은 나중에 수학적 한계에 부딪치게 되고 더 이상 발전

▶ 개념(Dog Idea)이 죽어야 개념이 산다.

하지 못하는 원인이 된다.

수학에서 개념은 너무나 중요하다. 그러나 그 개념은 학생들이 쉽게 소화할 수 있어야 한다. 즉 너무 어려운 정도로 추상화되어서는 안되며 접근하기 쉬워야 한다. 또 이렇게 개념을 이해해도 실제로 그 개념을 다 파악하는 것은 아니다. 문제 속에서 개념에 대한 이해도를 높이게 되고 결국 진짜 개념이 스스로 정립되는 것이다. 개념(Dog Idea)을 죽여야 진짜 개념이 살아난다.

좀더 구체적으로 현재 고등학생의 수학학습 절차에 대하여 살펴보기 위해 항등원, 역원에 대한 학습과정의 예를 들어보겠다.

① 항등원 역원의 개념을 배운다.

• 항등원 : 연산을 수행할 때 그 자신이 나오는 것
• 역원 : 연산을 수행할 때 항등원이 나오는 것

위와 같이 가르치면 많은 학생이 이해하지 못할 뿐더러 수학을 지루하게 생각할 것이다. 여기서 좀더 구체화하여 예를 들어보면

$$3 + \square = 3,\ 5 + \square = 5,\ \cdots\ a + \square = a$$

이때 $\square$를 덧셈에 대한 항등원이라고 하면 $\square = 0$ 일 것이다. 즉 $a + e = a$ 일 때 e 가 덧셈에 대한 항등원이고 $e = 0$ 이다.

이와 같이 구체적 사례로 항등원을 이해시키면 거의 모든 학생이 항등원을 이해하게 되고 역원도 비슷하게 설명하면 이해된다.

② 그런데 기본 문제를 풀어 보면

연산 $a \circ b = a + b + ab \cdots (1)$ 일 때 연산 $\circ$ 의
항등원을 구하여라.

$a \circ e = a$ 이므로 $\qquad a + e + ae = a \cdots (2)$
$$(1 + a)e = 0$$
$$\therefore e = 0$$

이 문제에서는 벌써 덧셈의 이미지 문제에서 항등원이 많이 추상화되어 있음을 알 수 있다. 이때 상당히 많은 학생은 (1)식과 (2)식이 연결이 안 되어 곤혹을 치른다. 여기서 다시 이미지화시켜서,

$$\square \circ \bigstar = \square + \bigstar + \square\bigstar$$

$$a \circ b = a + b + ab$$

$$a \circ e = a + e + ae$$

로 설명하면 충분히 이해하게 된다. 여기서 보듯 학생은 항등원 개념을 이해 못하는 것이 아니라 이미지와 숫자의 조합 연결 상태에 대해 관찰 능력이 부족하다는 것을 알 수 있다.

③ 이제 비슷한 문제를 풀어 보자.

$a*b = ab + 2(a+b) + k$에서 연산 $*$에 대한 항등원이 존재하도록 하는 k의 값은?

$a*e = a$이므로 $ae + 2(a + e) + k = a$

$a(e + 1) + (2e + k) = 0$

모든 실수에 대하여 성립하므로

$e + 1 = 0$ 그리고 $2e + k = 0$

$\therefore e = -1, \ k = 2$

여기서 많은 학생들은 서로 비슷한 문자가 많이 도입되어 혼란스러워하게 된다. a, e, k 등의 문자 중 어떤 것이 미지수이며 어떻게 정리해야 될지 막막해 하는 학생이 의외로 많다. 이것은 개념을 몰라서 당황하는 것이 아니라 문자들을 식별하고 분류하여 특성에 맞게 조합하는 사고력이 부족한 탓이다. 결국 아무리 개념을 철저히 알아도 사고력 부족으로 문제가 조금만 바뀌어도 좌절하기 쉽다.

④ 응용 문제를 풀면

집합 A = {1, 3, 5, 7}에서 다음 표와 같이 정의된 연산◎에서 항등원을 구하라.

$1◎1 = 1$, $3◎1 = 3$, $5◎1 = 5$,
$7◎1 = 7$, $1◎3 = 3$, $1◎5 = 5$,
$1◎7 = 7$ 이다.
즉 임의의 원소 a에 대하여
$a◎1 = 1◎a = a$ 이므로 항등원은 1이다.

◎	1	3	5	7
1	1	3	5	7
3	3	1	7	5
5	5	7	1	3
7	7	5	3	1

점수 올리는 수학머리 따로 있다

이 문제를 처음 보는 학생들은 사각형 속에 숫자들 상호 관계가 ◎연산에 의하여 연속되어 있다는 것을 뒤늦게 알게 된다. 이 문제는 좀더 이미지화된 문제로, 표 속의 연산 내용을 파악하면 그때서야 해결법을 알게 된다.

⑤ 다른 응용 문제를 풀면

QUESTION

x-y 평면 위에서 x축 위에 있지 않은 임의의 두 점 A(a, b), B(c, d)에 대하여 연산 $\otimes$ 을 $A \otimes B = (bc + a, bd)$ 로 정의할 때 연산 $\otimes$ 에 대한 항등원은?

ANSWER

$E(e_1, e_2)$ 라고 하면
$A \otimes E = (be_1 + a, be_2) = (a, b)$
$be_1 + a = a$
$be_2 = b$
따라서 $e_1 = 0$, $e_2 = 1$ 항등원는 $E(0, 1)$ 이다.

이 문제는 일차원이 아닌 이차원적인 문제로 여러 번 설명해도

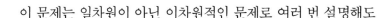

이해하지 못하는 학생이 꽤 많다. x좌표와 y좌표를 분리하여 따로 계산하고 이해하면 되는데 왜 학생들은 못 풀 뿐 아니라 해설을 봐도 이해하지 못하고 또 질문을 하게 될까? 분명히 개념을 몰라서 그런 것은 아니다. 일차원에서 사용하는 계산은 이차원에서도 확장되어 적용된다는 유추적 직관이 부족해서 그렇다.

즉 $(x+y, y) = (3, 1)$ 이면 $x + y = 3, y = 1$ 이란 사실을 직관적으로 꿰뚫고 있어야 한다.

이상의 수학공부 절차는 우리나라 학생의 학교, 학원, 개인과외 등에서 지속적이고 반복적으로 배우는 방법이다. 결국

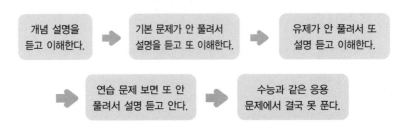

이와 같은 학습과정 속에서 학생들은 새로운 문제에 봉착하게 되면 계속 못 풀고 결국 선생에게 의존하면서 끊임없이 배워야 하는 과외 중독증에 걸리게 된다. 결국 "넌 개념을 몰라서 응용이 안된다" 또는 "넌 개념을 정확히 이해 못하고 있어"라는 얘기는 수학교육의 본질을 상당히 왜곡하고 있는 것이다. 창의적 사고력이 모자라는 것은 스스로 노력하여 깨우쳐야 할 과제이지만 개념을

모른다는 것은 누군가에게 배울 수밖에 없다는 말이다. 결국 개념 부족이 과외시장을 지탱시키는 원동력이 되는 셈이다.

위의 과정에서 보듯 학생들이 개념을 몰라서 수학을 못 푸는 것이 아니라 이미지적 사고력의 부족이 그 원인이다. 앞서 뇌세포의 시냅스 연결에 대하여 설명한 바 있다. 단순 반복으로 틀에 박힌 시냅스 구조는 더 이상 발달하지 않는다. 즉 주입식 개념(Dog Idea)과 같이 추상적이고 고립된 학습으로는 시냅스 구조를 강한 조합으로 연결시키지 못한다.

수학 문제풀이에서 보듯 각 단계 또 단계 내 각 과정에서 직관적 사고가 계속 개입되고 그것은 계속 이미지화하고 있다. 앞의 예에서 말했듯이 항등원 기본 예에서 이미지 숫자 조합이 필요하고 응용 문제에서도 이미지 조합 능력이 더욱더 필요하다.

따라서 지금처럼 왼쪽 뇌학습법에서는 서로 조합되지 않은 개념들과 문제들을 억지로 암기하여 유사 문제를 풀 수는 있으나 조금만 응용해도 해결하지 못하고 계속 배워야 하는 악순환에 빠지게 된다.

결국 수학을 잘하는 학생은 새로운 개념과 이미지적 사고력으로 문제를 풀고 또 문제를 풀면서 개념을 더욱 확고히 이해하고 새로운 응용력을 발견하게 된다. 즉 진짜 개념을 확립하게 된다. 이런 진짜 개념과 이미지적 사고력으로 또 다른 고난이도 문제를 해결하게 된다.

예를 들면 마주보는 변이 평행한 사각형이라는 것이 평행사변

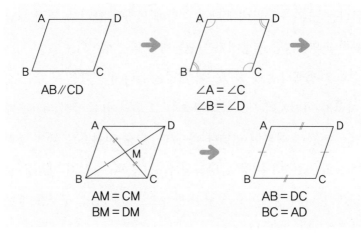

AB∥CD

∠A = ∠C
∠B = ∠D

AM = CM
BM = DM

AB = DC
BC = AD

형의 정확한 개념이다. 그러나 이러한 개념을 외운다고 문제가 해결되는 것은 아니다. 훌륭한 학생은 문제를 풀면서 마주보는 각도 같다는 것을 깨닫게 된다.

또 다른 문제를 풀면서 마주보는 변의 길이가 같다는 것을 깨닫고 두 대각선은 서로 다른 것을 이등분한다는 것을 발견하게 된다. 학생은 평행사변형의 진짜 개념을 스스로 이미지 속에서 체계적으로 정립하게 된다.

반면 수학을 못하는 학생은 평행사변형의 개념을 외우고 다음 성질을 외우고 새로운 문제를 대할 때마다 새롭게 알고 또 외우면서 상호간에 이미지적 연결은 시키지 못한다. 결국 응용 문제에서 좌절하게 되는 것이다. 결국 개념(Dog Idea)들 속에서 진짜 개념을 파악하지 못하고 또다시 개념이 무엇인지 물어보는 악순환에 빠지게 된다.

껍데기 논리는 가라!

논리를 이미지화하라

우식이는 고3 학생이었는데 열심히 노력하여 언어영역과 외국어영역에서는 상당히 높은 점수를 받았지만 수리영역 점수는 형편없었다. 당시 점수가 40퍼센트 안팎이었으며 이 점수는 그냥 생각하지 않고 찍어도 나올 점수였다. 우식이는 수학을 싫어해서라기보다는 문제를 풀 때 논리 전개 자체를 이해하지 못하여 좌절하는 스타일이었다.

그는 나에게 질문할 때 "왜 그래요?", "이유가 뭐예요?", "어떻게 그렇게 생각해요??"라는 식의 말투가 거의 버릇이 되어 있었다. 나는 우리 할머니 얘기를 해주었다.

내가 어릴 적 아버지가 흑백 텔레비전을 사오셨는데 할머니는 그 텔레비전 속에 나오는 사람들을 보고 정말 신기하게 생각하셨다. 특히 최불암 아저씨가 담배를 피우는 장면에서 담배연기가 진짜처럼 보이는데 냄새는 안 난다고 신기해 하셨다.

난 어리니까 그냥 화면을 보면서 재미있게 즐기는데 할머니는 텔레비전의 원리가 너무 궁금하셔서 뒤에 사람들이 숨었는지 뒤져보시기까지 하셨다. 결국 할머니께서는 방영되는 프로의 내용은 즐기지 못하시고 그 자체의 신기함에만 관심을 가지셨던 것이다.

당시 우식이는 선생이 문제를 풀면 재미있다는 것보다 왜 그렇게 되는지 신기하게 생각하고 자신은 그렇게 풀지 못하니 답답해 했다. 그는 수학이라는 게임을 즐기는 것이 아니라 계속 관찰자 입장에서 지엽적인 논리 분석을 하고 있었다.

우식이에게 "너는 아침에 일어나서 칫솔질하면서 왜 칫솔질을 하는지 고민하냐? 세수하면서 어제보다 물을 더 사용할까 말까 고민하냐??"고 물으니 그는 당연히 아니라고 했다.

나는 이미지적 사고력이 어떻게 논리적 체계로 정립되어 가는지에 대하여 설명하였고 우식이는 자기도 이미지적 사고력을 높이고 싶다고 애원했다. 우식이는 입시가 얼마 남지 않은 고3이었고 또 언어영역과 외국어영역을 상당히 잘하는 집중력과 열정이 있는 학생이었기에 수학 집약적인 공부 방법을 제시하였다.

일단 수학 문제를 풀 때 이유는 묻지 말고 논리적 비약이 있어도 그 자체를 재미있는 현상으로 받아들일 것을 충고하고 그렇게 하겠다는 다짐을 받았다. 얇은 수학책 한 권을 주면서 일주일 만에 다 풀어 올 것이며 모르는 문제는 체크한 다음 해설지를 보고 이해하고, 절대 선생님에게는 질문하지 말라고 했다.

우식이는 수학은 논리라는 강박관념에 발목이 잡혀 진도도 나가지 못할 뿐 아니라, 왜라는 질문을 남발하여 수학적 사고를 거부하는 심리적 상태에 있다고 판단하였다.

실제로 그의 수학책을 보면 앞부분은 너무 열심히 봐서 종이가 너덜너덜할 정도인데 뒷부분은 손을 댄 흔적조차 없었다. 책 한 권을 일주일 만에 보면 비록 나무는 못 봐도 전체 숲의 희미한 모습이라도 보고 그러다 보면 전체적인 수학적 사고의 흐름을 이해하게 되리라 생각하였다.

우식이는 고3답게 아주 열정적이어서 4일 만에 책 한 권을 다 보고 왔고 난 그에게 다음 과제를 주었다. 그는 충실히 수학공부를 했고 3개월 만에 수학을 정말 재미있어 하게 되면서 점수가 거의 70퍼센트대로 향상되었다.

수학능력시험 때 그는 수리영역을 85점 받고 한양대 경제학과에 입학했다. 아마 1개월의 여유만 더 있었어도 우식이는 수학 점수를 만점에 가깝게 받을 수 있었을 것이다.

다른 예로 진영이란 학생 이야기를 해야겠다. 진영이는 말하는 것부터가 상당히 논리적이었고 선생에 대해서는 예의바른 학생이었다. 이해력이 뛰어나서 수학을 잘할 것 같은데 시험만 보면 꼭 반타작이었다(50퍼센트 안팎).

"넌 왜 점수가 잘 안 나오냐?"

"응용력이 떨어져서 그런가 봐요." ㅠ_ㅠ

"응용력이 왜 떨어지는데??"

"글쎄요, 개념도 이해되고 선생님 말씀도 다 이해하는데 막상 새로운 문제를 풀려고 하면 모르겠고 비슷한 문제가 나와도 방법을 잊어버려서 결국 틀려요. 아무래도 머리가 나쁜가 봐요."

진영이는 유머감각도 상당히 뛰어나고 내 책상에 상당히 괜찮을 자기 의견을 써 놓은 걸 보아도 결코 머리가 나쁘다고 할 수 없었다. 나는 수학 문제풀이 과정이 논리만으로 연결되어 있는 것이 아니라 논리적 비약, 즉 직관적 사고가 상당히 개입되어 있음을 알려 주었다. 그 친구는 내 말뜻은 충분히 알겠는데 어떻게 하는지 그 방법을 모르겠다고 했다.

난 진영이에게 다음의 수학능력시험 기출 문제를 풀어보라고 했다.

다음은 정적분 $\int_0^1 (x^2+1)\,dx$의 근사값의 오차의 한계를 구하는 과정의 일부이다.

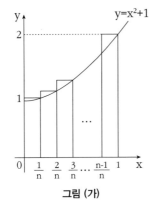
그림 (가)

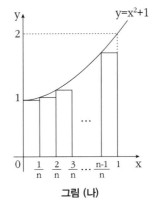
그림 (나)

그림 (가), (나) 와 같이 폐구간 [0,1]을 n등분하여 얻은 n개의 직사각형들의 넓이와 합을 각각 A, B라 하자.

$$A - B \leqq 0.15$$

가 되는 n의 최소값은? (2001 수능)

① 6　　　② 7　　　③ 8　　　④ 9　　　⑤ 10

진영이는 한참 생각하다가 푸는 방법을 잊어버렸다고 했다. 그럼 책을 찾아보고 다음 시간까지 풀어오라고 했다. 진영이는 구분구적법을 이용하여 다음과 같이 문제를 풀었다.

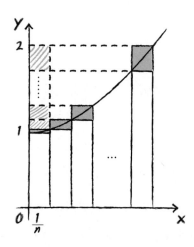

$$A = \frac{1}{n}\{(\frac{1}{n})^2 + 1\} + \frac{1}{n}\{(\frac{2}{n})^2 + 1\} + \cdots + \frac{1}{n}\{(\frac{n}{n})^2 + 1\}$$

$$B = \frac{1}{n}\{0^2 + 1\} + \frac{1}{n}\{(\frac{1}{n})^2 + 1\} + \frac{1}{n}\{(\frac{2}{n})^2 + 1\} + \cdots$$
$$+ \frac{1}{n}\{(\frac{n-1}{n})^2 + 1\}$$

$$\therefore A - B = \frac{1}{n}\{(\frac{n}{n})^2 + 1 - (0^2 + 1)\} = \frac{1}{n} \leq 0.15$$

$$\therefore n \geq \frac{1}{0.15} = 6.66\cdots$$

따라서 n의 최소값은 7(정수)

물론 잘했다. 그러나 수학능력시험 때 저 식이 얼마나 머리를 혼란케 할까? 난 다음과 같이 그림으로 풀어주었다.

그림 (가)와 그림 (나)를 겹쳐 그려서 A-B하면 그림의 빗금 친 부분이 된다. 이 조각들을 왼쪽 y축으로 붙이면 밑변이 $\frac{1}{n}$이고 높이가 1인 기둥이 된다. 따라서 A-B=$\frac{1}{n}$.

"우와~ 대단한데요. 이렇게 간단한 방법이 있다니……. 근데 저는 이런 생각 못할 것 같아요." ㅠ_ㅠ

"못하는 게 아니라 안하는 버릇이 들어서 그렇지, 너도 할 수 있어."

나는 진영이에게 미지수에 숫자를 대입하여 일반적 방법을 유추하는 연습, 도형의 그림 속에서 길이, 각 등을 예측하고 추론하는 방법 등의 과제를 내주었고 진영이는 열심히 자신의 수학적 감을 키워나갔다. 수학 문제를 보면 일단 문제해결을 위한 이미지를 정립한 다음 문제의 핵심을 파악하고 답을 유추하기 시작했다. 진영이는 추상적 논리에 더 이상 집착하지 않았고 상상 가능한 논리를 체계화시켜 나갔다. 그 결과 그는 수학능력시험에서 수리영역을 80퍼센트 받고 경희대 조리학과에 합격하였다.

논리를 이미지화하라

"수학은 논리 자체이다.", "논리 없이 수학을 하는 것은 있을 수 없는 일이다." 이렇게 논리를 지나치게 강조하면 학생은 추상논리 때문에 수학을 멀리할 수도 있고 또 너무 경직되어 응용력이 떨어지고 갇힌 논리에 묻혀 창의력이 줄어들 수 있다.

이 책에서는 논리의 중요성을 부정하는 것이 결코 아니다. 논리를 이미지화하라는 것이다. 지엽적이고 추상적인 논리를 상상(이미지) 가능한 논리로 바꾸란 뜻이다.

다음 문제를 보라.

QUESTION

전체 집합 U의 두 부분 집합 A, B에 대하여
$n(U) = 45$, $n(A^c \cap B^c) = 15$일 때 $n(A \cup B)$를
구하여라.

ANSWER

풀이 1 $n(U) = 45$,
$n(A^c \cap B^c) = 15$
$n(A^c \cap B^c) = n(A \cup B)^c$ (드모르간 법칙)
$= n(U) - n(A \cup B)$ (차집합)
즉, $n(A \cup B) = n(U) - n(A^c \cap B^c)$
$= 45 - 15 = 30$

풀이 2 $n(U) = 45$

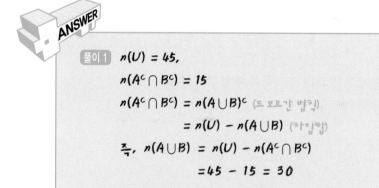

$n(A^c \cap B^c) = 15$
그림에서 $n(A \cup B)$
$= 45 - 15 = 30$

위의 〈풀이 1〉은 수학적 기초가 약한 학생들에게는 상상(이미
지)하기가 거의 불가능해서 접근하기 힘든 방법이다. 그러나 〈풀

이 2)는 누구나 쉽게 이해할 수 있고 또 응용할 수 있는 방법이다. 왜냐하면 이미지화가 가능하기 때문이다. 〈풀이 2〉도 분명히 논리적이다. 이와 같이 논리를 이미지화하는 것이다. 논리를 이미지화하면 이해도 쉽고 응용력도 커질 뿐 아니라 〈풀이 1〉과 같은 한 단계 높은 추상적 논리도 이미지화할 수 있다.

수열을 풀 때 다음과 같은 식이 자주 나온다.

$n(n+1)(n+2)=60$ (n은 자연수). 이 식을 풀 때 많은 학생들은 $n^3+3n^2+2n-60=0$이라는 3차 방정식을 풀어야 되고 거꾸로 이 식을 인수분해하느라 상당히 애쓰게 된다. 결국 융통성이 부족한 학생은 두 손을 들고 만다. 그러나 $n(n+1)(n+2)=3\times4\times5$로 나타내면 $n=3$이 된다.

이것이 더 정상적인 사고가 아닐까? 논리에 묻혀 일상적이고 쉬운 문제를 못 푸는 예는 얼마든지 있다.

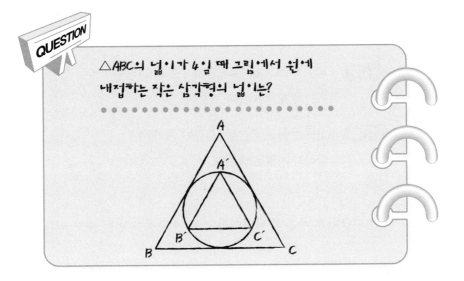

QUESTION

△ABC의 넓이가 4일 때 그림에서 원에 내접하는 작은 삼각형의 넓이는?

대부분 학생들은 △ABC 내접원의 반지름을 구하게 된다. 난 이러한 태도를 사고의 게으름이라고 한다. 문제를 좀더 간단히 변형시킬 수 있는데 생각하는 것이 귀찮아서 막 풀고 보자는 식이다. 이 문제의 그림을 다음과 같이 바꿔보자.

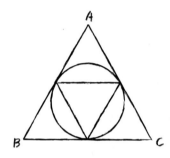

누구나 다 작은 삼각형의 넓이는 △ABC의 $\frac{1}{4}$이고 1임을 알 수 있다. 이 문제를 풀 때는 추상적인 논리보다는 직관적 이미지 사고가 필요하다는 것은 누구나 공감할 것이다.

직관적 사고력과 논리에는 어떤 관계가 있을까? 먼저 귀납법과 연역법에 대하여 살펴보기 위해 사람이 죽는다는 사실에 대한 예를 들어보자.

귀납법 A는 죽었다. B도 죽었다. C도 죽었다……등등
따라서 모든 사람은 죽는다.

연역법 모든 동물은 죽는다. 사람은 동물이다.
따라서 사람은 죽는다.

위의 귀납법은 추론적 직관이라고 하며 오류를 범할 수도 있다.

즉 경험적으로 알고 있는 모든 사람이 죽었기 때문에 사람은 모두 죽는다고 했는데 실제로 누군가는 안 죽을 수도 있기 때문에 엄밀한 증명은 될 수가 없다. 그러나 연역법은 완전한 논리이며 모순이 없으나 새로운 사실 또는 창조된 사고는 없다. 앞의 예에서 보면 직관적 사고(귀납법)로는 새로운 사실을 발견하고 논리적 사고(연역법)로는 그것을 재해석하고 있다.

모든 수학적, 과학적 발전은 위의 귀납과 연역의 과정을 밟는다. 즉 상상력, 사고력을 토대로 직관, 추측, 시행착오, 일반화 관련성 등으로부터 새로운 사실을 발견하면 논리적 체계로 재해석하게 된다.

아인슈타인, 에디슨, 가우스, 뉴턴 등 모든 위대한 수학자, 과학자, 철학자들은 상상력과 직관적 사고력에 의하여 새로운 사실을 발견하였고 논리적 해석은 직관에 의한 새로운 발견을 체계화하고 정리하는 기술이다. 다음의 수학능력시험 문제를 예로 들어보자.

다음과 같이 1부터 연속된 자연수가 규칙적으로 나열되어 있다.

1행	1				
2행	2	3			
3행	4	5	6		
4행	7	8	9	10	
5행	11	12	13	14	15
.	.	.	.	.	.

10행 • • • • • • • • • □

10행의 마지막에 들어갈 수는? ('98 수능)

① 45　　　② 50　　　③ 55　　　④ 60　　　⑤ 65

계차수열을 배운 고등학생은 각 행의 끝자리 수를 다음과 같이 배열하여

$1 \underset{2}{\searrow} 3 \underset{3}{\searrow} 6 \underset{4}{\searrow} 10 \underset{5}{\searrow} 15 \underset{6}{\searrow} 21$

$$a_n = a_1 + \sum_{k=1}^{n-1} b_k = 1 + \sum_{k=1}^{n-1}(k+1) = \frac{n(n+1)}{2}$$

$$a_{10} = \frac{10 \cdot 11}{2} = 55$$

라고 풀 것이다.

그러나 위의 문제를 평범한 중학교 1학년에게 풀어보라고 하니 1분도 안 되는 시간에 □안의 답이 55라고 대답하였다. 나는 깜짝 놀라 어떻게 그렇게 생각했느냐고 물으니 다음과 같이 풀었다고 했다.

$$1$$
$$1 + 2 = 3$$
$$1 + 2 + 3 = 6$$
$$\vdots$$
$$1 + 2 + 3 + \cdots + 10 = 55$$

그 중학생은 고등학교 과정의 계차수열이란 논리적 전개를 모르고도 상상 가능한 이미지적 사고력으로 빠른 시간 내 정확히 풀어냈다.

수학에서 논리체계는 무척 중요하다. 그러나 수학은 논리 그 자체는 아니다. 학생들에게 추상적 논리를 지나치게 강조하면 강조할수록 학생의 뇌는 왼쪽 뇌 편향이 되어 논리 자체를 암기하게 된다. 따라서 사고력과 창의성이 줄어들게 되고 응용 문제를 못 풀뿐만 아니라 도리어 공부할수록 바보가 되어 갈 수도 있다.

이제 추상적이고 딱딱한 추상적인 논리에서 탈출하자. 껍데기는 껍데기일 뿐이다. 껍데기는 가라! 재미있고 유익한 알맹이 논리에 푹 빠져라. **논리를 이미지화하라.** 이때 우리의 사고는 체계화되고 새로운 발견을 위한 창의력이 증가된다. 그럼 어떻게 논리를 이미지화할 수 있을까? 이미지 논리의 대표적인 분야가 중학교 도형이다. 합동, 닮은꼴, 원 등의 문제들은 모두 상상하기 쉬운 그림들이다. 그림들 속에서 보조선을 직관적으로 창조하고 분석적으로

▶Boys, Be Clever!! : 정공법만이 능사는 아니다.

문제를 해결하고 또 연역적 논리로 발견한 내용을 체계화하게 된다. 기초 이미지 문제를 통해 얻은 직관적 창의력은 이 중학교 도형을 통해 점점 체계화된다. 또 이것은 고등학교 이미지 수학을 위한 중요한 기초가 된다. 고등학교 수학에서 논리를 이미지화하는 과정은 다음에 나오는 논술형학습에서 자세히 설명하고 있다.

논술형은 고수의 지름길

논술형학습의 본질과 방법

이 책의 앞부분에서 창의적인 오른쪽 뇌학습의 중요성과 뇌세포 간의 시냅스 연결회로의 중요성을 언급한 바 있다. 논술형학습은 이러한 오른쪽 뇌학습과 창의적 시냅스 연결회로 형성을 위해 꼭 필요한 학습이다. 이것을 통해 추상적 논리를 상상 가능한 이미지 논리로 바꾸고 효율적인 시냅스 연결을 가능하게 하여 응용력과 창의력이 비약적으로 발전된다.

상수를 처음 만난 것은 그가 재수를 시작했을 때였다. 수학성적은 80~90퍼센트 정도로 2등급 수준이었다. 그는 내 수업을 듣고 나름대로 느낀 바가 있어 교무실로 찾아왔었다.

"선생님, 저도 수학을 만점 받고 싶은데……."

"근데?"

"문제는 제법 잘 풀리는데 성적은 늘 2등급 수준이고……."

"뭐가 문제라고 생각하니?"

"잘 모르겠어요. 머리에 한계가 왔는지……."

"수학공부는 충분히 했다고 자부해?"

"물론 제가 열심히 안 한 탓이죠. 근데 하면 될지 잘 모르겠어요."

"자신 없는 분야가 어디야?"

"예??"

"수학의 어느 분야가 특히 자신 없냐고~"

"아 예……. 글쎄요……."

"그럼 시험에서 주로 어디를 틀리니?"

"아, 수I은 괜찮은데 수II와 미적분에서 틀리는 것 같기도 하고……."

"수학 문제는 주로 뭘 푸니?"

"수능모의고사 문제를 많이 푸는데요."

"교과서나 기본참고서는?"

"따분해서 별로 안 푸는데요."

"그럼 교과서 내용은 자신 있니?"

"기본적인 것은 다 아는데……."

"그럼 $y=x^n$을 미분하면 $y'=nx^{n-1}$ 되는 것을 유도해봐."

"으음……. 잘 모르겠는데요. 이런 건 교과서에 없을 텐데~"

"야 이놈아, 그것도 모르면서 어떻게 교과서를 안다고 하나~?"

상수는 나름대로 수학적 감은 있었으나 쉽게 공부하는 학생의
전형적인 문제점을 갖고 있었다. 난 상수에게 다음의 문제를 풀게
해보았다.

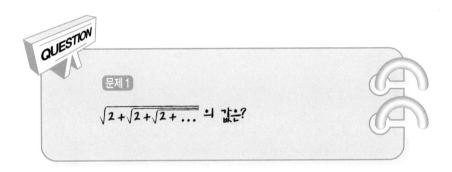

문제 1

$\sqrt{2+\sqrt{2+\sqrt{2+\ldots}}}$ 의 값은?

음……. 이건 많이 본 문제인데요.

$\sqrt{2+\sqrt{2+\sqrt{2+\ldots}}} = x$ 로 두면

$\sqrt{2+x} = x$

$2+x = x^2$

$x^2 - x - 2 = 0$

$x = 2$

"으음, 상수 잘하네~ 그럼 다음 문제풀이에는 어떤 잘못이 있는지 찾아봐."

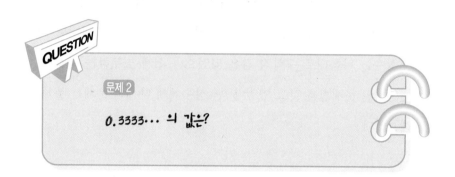

QUESTION

문제 2

$0.3333\cdots$ 의 값은?

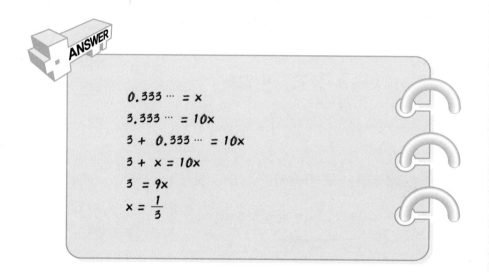

ANSWER

$$0.333\cdots = x$$
$$3.333\cdots = 10x$$
$$3 + 0.333\cdots = 10x$$
$$3 + x = 10x$$
$$3 = 9x$$
$$x = \frac{1}{3}$$

"맞는 것 같은데요……."

"맞다고? 그럼 다음 문제는 어떨까?"

문제 3

$33333333 \cdots\cdots 3$ 의 값은?

ANSWER

$33333333 \cdots\cdots 3 = x$

$3 \cdots\cdots 333330 + 3 = x$

$3333 \cdots\cdots 3 \times 10 + 3 = x$

$10x + 3 = x$

$x = -\dfrac{1}{3}$

"어, 희한하네~~ 답이 틀렸어요."

"어디서 답이 틀렸는지 말해봐."

"으음. 〈문제 3〉에 풀이가 잘못된 것 같은데요."

"이놈아, 그럼 〈문제 2〉의 풀이는 정확하냐?"

"틀린 것이 있긴 한데 뭐라고 콕 집어서 말은 못하겠어요."

"문제 1, 2, 3을 서술형으로 출제했다면 풀이가 모두 틀렸단다.

굳이 그와 같이 풀려고 하면 문제의 해가 수렴하는 유한확정 값이라는 것을 먼저 증명해야 해. 〈문제 3〉의 경우는 그 해가 무한대이므로 그렇게 계산하면 엉터리일 수밖에 없단다."

즉, $\infty = x$

$\infty \times 10 + 3 = x$

$x \times 10 + 3 = x$

$x = -\dfrac{1}{3}$

이라는 잘못된 풀이가 된다. 따라서 문제 2, 3은 무한등비수열로 풀면 논리적 모순이 없어진다.

"아 이제 알겠어요, 선생님~ ^^)/

상수는 학교 내신이나 수능모의고사의 단답형 문제에는 익숙하지만 좀더 심화된 문제에서는 한계에 부딪쳐야만 했다. 그는 중학교 때는 수학을 제법 했지만 고등학교에 와서는 단순한 문제들 속에 있다 보니 사고력이 더 발달되지 못하였다.

즉 기본적 창의력은 있었으나 고등학교 수학의 논리체계와 충분히 접목되지 못하여 문제를 그때그때 주먹구구식으로 해결하고 있었다.

결국 직관력도 초보 수준에 머물고 더 깊은 사고력으로 발전되지 못했다. 나는 그의 수학공부 방법의 문제점을 지적해주었고 상수는 나의 제안대로 고등학교 수학을 서술형으로 학습하기로 했다.

공식의 증명과 다양한 서술형 문제를 통해 그는 빠르게 고등학교 수학을 체계적으로 정리해갔다. 상수는 점점 고난이도 심화 문제에 접근하였으며 잡다하고 유사하게 나열되는 수능모의고사 문제들은 별로 풀지 않고서도 수학의 고수가 되었다.

성철이는 진주에서 서울로 공부하러 온 조금 특별한 학생이었다. 그는 서울대학에 가서 공학계열 과학자가 되는 것이 꿈이었다. 그런데 좀 엉뚱하게도 학교생활이 적응하지 못해서 고등학교 1학년 때 자퇴하고 검정고시로 대학에 갈 준비를 하고 있었다. 영민한 편은 아니었지만 집중력과 끈기는 있었다. 어느 날 그는 심각한 표정으로 질문하러 왔다.

"선생님! 수학적 논리의 모순을 발견했어요!!"

"엉뚱한 소리 말고 결론만 얘기해~~"

"아이 참~ 다음 문제를 보세요. 제가 푼 방법이 틀린 데가 없는데도 답과 달라요."

$x \rangle 0, y \rangle 0$ 일 때

$(x+\frac{1}{y})(\frac{1}{x}+4y)$의 최소값을 구하라.

위 문제를 성철이는 다음 〈풀이 1〉처럼 풀었다.

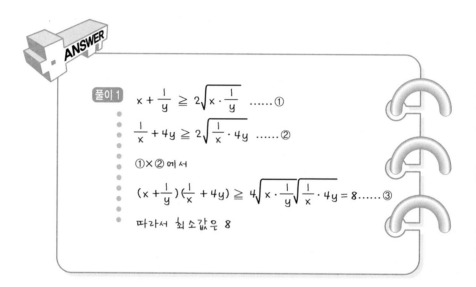

풀이 1

$$x + \frac{1}{y} \geqq 2\sqrt{x \cdot \frac{1}{y}} \quad \cdots\cdots ①$$

$$\frac{1}{x} + 4y \geqq 2\sqrt{\frac{1}{x} \cdot 4y} \quad \cdots\cdots ②$$

①×② 에서

$$(x + \frac{1}{y})(\frac{1}{x} + 4y) \geqq 4\sqrt{x \cdot \frac{1}{y}}\sqrt{\frac{1}{x} \cdot 4y} = 8 \cdots\cdots ③$$

따라서 최소값은 8

그런데 모범 답안에는 다음과 같이 되어있었다.

$$(x + \frac{1}{y})(\frac{1}{x} + 4y) = 1 + 4xy + \frac{1}{xy} + 4 = 5 + 4xy + \frac{1}{xy}$$

그런데 $4xy + \quad \geqq 2\sqrt{4xy \cdot \frac{1}{xy}} = 4 \cdots\cdots ④$

따라서 $(x + \frac{1}{y})(\frac{1}{x} + 4y) \geqq 5 + 4 = 9$

최소값은 9

점수 올리는 수학머리 따로 있다

독자 여러분들도 〈풀이 1〉과 모범 답안의 풀이를 보고 잘못된 곳을 찾아 보라. 나는 성철이에게 최대, 최소 문제에서 산술≧기하인 식을 조건과 함께 써보라고 했다.

ⓐ $a > 0, b > 0$일 때
ⓑ $a + b \geq 2\sqrt{ab}$
ⓒ 단 등호는 $a = b$일 때 성립

위에서 ⓑ식을 적용할 때는 먼저 ⓐ의 조건을 만족해야 한다. 최소가 될 때는 반드시 ⓒ번 등호가 성립하는지 확인해야 한다. 성철이에게 ⓐ, ⓑ, ⓒ의 각 조건과 식을 정확히 적용하여 문제를 서술형으로 다시 풀고 잘못된 곳을 찾아보라고 했다.

다음날 성철이는 들뜬 기분으로 다시 찾아왔다.
"선생님 해결했어요~~" ^^

풀이 1

$x > 0$, $y > 0$이므로 산술평균 $\geq$ 기하평균의 식을 사용하면

$x + \dfrac{1}{y} \geq 2\sqrt{x \cdot \dfrac{1}{y}}$, 단 등호는 $x = \dfrac{1}{y}$ .....①

$\dfrac{1}{x} + 4y \geq 2\sqrt{\dfrac{1}{x} \cdot 4y}$, 단 등호는 $\dfrac{1}{x} = 4y$ .....②

①×②에서

$\left(x + \dfrac{1}{y}\right)\left(\dfrac{1}{x} + 4y\right) \geq 4\sqrt{x \cdot \dfrac{1}{y}}\sqrt{\dfrac{1}{x} \cdot 4y}$ .....③

단 등호는 ①과 ②가 동시에 성립 할 때이므로 $x = \dfrac{1}{y}$, $\dfrac{1}{x} = 4y$

즉 $xy = 1$ and $xy = \dfrac{1}{4}$ 이므로 모순!

따라서 식에서 등호를 만족하는 x, y는 조건에서 없다.

풀이 2

$\left(x + \dfrac{1}{y}\right)\left(\dfrac{1}{x} + 4y\right) = 5 + 4xy + \dfrac{1}{xy}$

$x > 0$, $y > 0$이므로 산술평균 $\geq$ 기하평균의 식을 사용하면

$4xy + \dfrac{1}{xy} \geq 2\sqrt{4xy \cdot \dfrac{1}{xy}} = 4$, 단 등호는 $4xy = \dfrac{1}{xy}$

즉 $xy = \dfrac{1}{2}$

따라서 $\left(x + \dfrac{1}{y}\right)\left(\dfrac{1}{x} + 4y\right) \geq 5 + 4 = 9$

최소값은 9

난 성철이에게 잘했다고 칭찬해주었다. 성철이는 나름대로 수학 문제 푸는 것을 좋아하였지만 체계적이지 못하고 항상 그때그때 임기응변식으로 답을 찾곤 했다. 난 그에게 그런 식으로 공부하

면 아무리 수학 문제를 많이 풀어도 핵심적 사고력이 빠져 있기 때문에 고득점은 불가능하다고 이야기해주었다. 그는 나에게 수학을 잘하게 해달라고 졸랐고 난 단기간에 수학의 고수가 되려면 상당한 집중력과 인내력이 필요하다고 했다. 성철이에게 본고사형 서술형 문제를 풀어보라고 주고 일주일 후에 다시 상담하기로 했다. 일주일 후 그는 창백한 표정으로 나타났다.

"다 풀어 봤어?"

"선생님, 열심히 하려고 했는데 너무 지겹고 계산도 많고 어려워서 별로 못했어요." ㅠ_ㅠ

"힘들지? 그럴 줄 알았어. 이놈아. 처음부터 잘 될 리가 있나."

"그래도 계속해야 되요?"

"아니, 너무 힘들면 좀 쉬운 것부터 차근차근 하지 뭐."

난 성철이에게 2주일 정도 중학교 도형에서 증명법 등 약간 고난이도 문제를 풀게 하였다. 또 고등학교 수학의 좀 어려운 부분인 인수분해 등을 접하게 했다. 다음으로 대수식에서 간단한 증명법 문제를 풀게 하고 1차, 2차 함수에서는 좀 심화된 문제들을 다룰 수 있게 안내했다. 그 후 도형의 방정식, 서술형 문제를 꽤 많이 풀게 했다.

난 성철이가 더 큰 흥미를 갖는 분야를 자연스럽게 집중적으로 파고들 수 있도록 안내하고자 했다. 아니나 다를까, 역시 성철이는 함수와 도형의 방정식에 많은 관심을 가지고 깊이 고민하고 심층

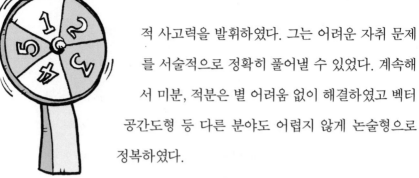

적 사고력을 발휘하였다. 그는 어려운 자취 문제를 서술적으로 정확히 풀어낼 수 있었다. 계속해서 미분, 적분은 별 어려움 없이 해결하였고 벡터 공간도형 등 다른 분야도 어렵지 않게 논술형으로 정복하였다.

그는 1년도 안 되는 사이에 정말 수학의 고수가 되었다. 물론 그가 수학을 잘하게 된 것은 이미지적 수학 문제를 많이 풀면서 직관적 창의력을 높인 것이 큰 원인이었다. 이러한 직관력을 서술형 문제를 통해서 고등학교 수학의 논리와 잘 접합하게 되었고 어려운 응용 문제들을 해결할 수 있게 되었다. 성철이는 그해 수리영역이 꽤 어려웠는데도 한 개밖에 틀리지 않았다. 그는 서울대 공대에 지원해서 심층면접도 별 어려움 없이 통과하고 무사히 합격했다.

논술형학습의 본질과 방법

논술형학습은 수학공부의 새로운 형태가 아니다. 논술형은 수학학습의 정도(正道)이다. 2005년 서울시 교육청에서는 논술형 수학 문제 비율을 점차 높여 가겠다고 발표했다. 이러한 발표로 인해 수학공부에 새로운 패턴이 생긴 듯, 학부모와 학생들은 어떻게 논술형에 잘 적응할 것인가에 전전긍긍하게 되었다. 혹시 수학 논술형을 언어 논술과 혼돈하는 것은 아닐까 걱정이다.

수학의 기초 사고체계도 형성되지 않은 학생에게 답안의 첨삭지도를 한다면 얼마나 웃기는 일인가? 게다가 대표유형 답안을 암기까지 한다면 수학의 본류를 벗어나도 한참 벗어난 것이다. 단순하게 문제를 풀고 그것을 논리적으로 서술하면 그것이 바로 논술형이다. 따라서 무엇보다도 문제를 해결하는 것이 중요하고, 그것을 논리적 체계로 정리하다보면 수학의 엄밀성을 깨닫게 된다.

몇 번이 걸려도 정답 확률은 $\frac{1}{5}$!

▶ 진정한(?) 수학 마니아 : 확률 게임에 모든 것을 걸다!

이러한 논술형학습은 결코 새로운 것이 아니다. 늘 해왔고 앞으로도 계속해야 할 수학 본연의 학습법이다. 그동안 수학능력시험이 전국적으로 치뤄지는 시험이라는 한계와 채점 문제 등으로 5지선다형 또는 단답형 문제로 이루어져 있고 수험생들도 그런 경향에 맞추다보니 수학학습이 정도를 벗어나 약간 왜곡되어 있다.

그러나 수학능력시험도 그 본질은 논술형이다. 출제 교수들은 모두 수학의 전문가들이다. 그분들이 단순 암기식 문제를 출제할리가 없다. 다만 문제 형식이 단답형 또는 객관식이기 때문에 그

형식에 맞추어 논술형 사고력을 묻고 있을 뿐이다. 실제로 논술형 사고력이 없으면 해결 못할 문제가 수학능력시험 문제에는 많다. 수학공부는 간단하다. 논술형학습을 하면 수학능력시험, 본고사, 내신 등 모든 시험의 형식이라도 쉽게 정복하게 된다.

어떤 학생은 수많은 수능모의고사 기출 문제를 끊임없이 공부하는데 아무리 공부해도 새로운 응용 문제에서는 속수무책으로 손을 들게 된다. 수많은 문제를 풀어본들 힘은 힘대로 들고 결과는 결과대로 좋지 못하다.

논술형학습에서 얻게 되는 창의적 논리 체계는 추상적 논리와는 다르다. 오른쪽 뇌학습을 통해 직관 또는 유추력이 뛰어난 학생은 서술형학습을 통해서 시냅스 회로가 체계적으로 잘 구성된다. 즉 직관적 사고력은 논술형을 통해 더욱 체계화되고 상상 가능한 이미지 논리 체계를 형성하게 된다.

과거 많은 수학자들은 수학자인 동시에 철학자이기도 했다. 아인슈타인 역시 철학자였다고 알려져 있다. 이미지적 직관을 통해 새로운 발견을 하고 그 발견으로부터 새로운 논리가 형성되고 그 논리는 다시 창의적 직관으로 발전하며 또 다른 발견이 가능해진다. 이와 같이 창의적 이미지 논리 체계가 형성되기 위해서는 논술형학습이 꼭 필요하다.

그림에서 보듯 직관적 이미지 사고력은 나무의 뿌리에 해당되

본고사 문제,
수능문제,
내신문제

논술형
이미지

며 논술형학습을 통한 이미지 사고체계는 나무의 줄기에 해당된다. 그리고 수많은 수학능력시험 문제, 본고사형 문제, 내신 문제 등은 나뭇가지 또는 잎사귀에 비유될 수 있다.

만약 학생들이 수학능력시험 문제, 내신 문제, 본고사 문제 등을 따로따로 분리하여 공부한다면 수학의 본질을 깨닫지 못하고 계속 새로운 문제를 풀어야 하고 응용력은 향상되지 않는다. 뿌리와 줄기가 튼튼하면 가지와 나뭇잎은 저절로 해결되고 정복된다.

논술형학습이 중요하기는 하지만 기초력이 부족한 학생에게는 많은 부담이 되어 부작용이 발생할 수 있다. 즉 충분히 준비되지 못한 학생에게 고난이도의 서술형학습을 강요하면 수학적 흥미를 잃게 되고 영원히 수학을 멀리할 수도 있다. 따라서 학생의 특성을 파악하여 그에 알맞은 학습을 진행해야 한다. 올바른 방법으로 접근하면 어떤 학생이든 논술형 수학에 익숙해질 수 있다. 다음의 수학 발전 단계로부터 올바른 방법을 찾도록 하자.

수학학습 발전은 거의 대부분 다음의 3단계로 이루어진다.

1단계	(1) 기초 이미지 문제를 통한 사고력 배양 (2) 직관적 사고력, 창의력 개발, 수학에 쉽게 접근 (3) 거의 모든 학생들이 흥미 있게 여김
2단계	(1) 고난이도 창의적 이미지 문제풀이 (2) 중학교 도형의 합동, 닮은꼴 등 연역적 개념의 도입으로 자유분방한 사고가 체계화됨 (3) 기본 함수 이론, 대수 이론 등으로 추상적 논리가 점점 이미지 논리로 정리됨 (4) 단답형이 아닌 논술형학습이 가능
3단계	(1) 고등학교 수학의 도형, 함수 등을 통해 더욱 사고력이 체계화됨 (2) 논술형 위주로 사고하게 되고 미분, 적분 등 추상적 수학 체계에 익숙해짐 (3) 직관적 이미지 문제들을 체계적으로 풀어내고 찾은 해의 타당성을 논술형으로 증명 가능함 (4) 창의적 사고력으로 새로운 논리 체계를 이미지화하고 고난이도 문제를 해결함

위의 단계를 보면 현재 학생들의 수학 수준을 어느 정도 알 수 있다. 앞서 예를 든 상수의 경우는 1, 2단계는 어느 정도 되어 있으나 3단계 사고력이 제대로 형성되지 못한 경우이다. 즉 학교 내신 시험도 쉽고 수능모의고사도 단답형의 간단한 문제들이니까 수학적 체계에 대한 아쉬움 없이 공부한 것이다. 그런데 막상 수학능력시험에서 어려운 몇 문제는 해결되지 않고 2등급 수준에 주저앉게 된다.

단답형 시험에 익숙한 학생들은 상수와 같은 사례가 의외로 많다. 그들은 열심히 공부하지만 성적이 더 이상 향상되지 않는다. 그 이유는 서술형 사고가 부족하기 때문이다. 고등학교 수학의 미분, 적분은 그 전체가 서술형 체계를 갖추고 있는데도 학생들은 간단한 단편적 사고로 응용 문제를 유추하여 풀려고 한다. 물론 그렇게 해도 꽤 많은 문제를 해결할 수 있다. 그러나 1등급 이상의 만점에 도전하기는 어렵다. 공부 방법이 잘못되면 힘은 힘대로 들고 점수는 점수대로 나오지 않는다.

성철이는 1, 2, 3단계 모두 엉성한 상태이다. 다행히 성철이는 단답형 시험에 찌든 경우는 아니었기 때문에 조금 더 쉽게 단계별 학습이 가능했다.

분명히 서술형학습은 직관적 사고력을 체계화하여 응용력을 키우게 되므로 단답형학습보다 뛰어나다. 그러나 이러한 서술형학습을 무조건 강요한다고 학생들의 수준이 높아지는 것은 아니다. 준비되지 않은 학생에게 감당하기 힘든 문제를 제공하면 수학을 더 싫어하게 되고 결국은 포기할지도 모른다. 따라서 서술형학습은 개별 학생의 상태에 맞게 이루어져야 한다.

수학의 기초가 없고 창의적 사고력이 많이 결여된 학생은 먼저 〈1단계〉의 기초 이미지 문제를 통해서 사고력을 개발하고 수학에 대한 흥미를 느껴야 한다. 만약 이러한 수학에 대한 호감도가 없이 바로 〈2단계〉로 접어들면 증명 또는 지루한 계산 등에서 더욱 싫증을 느껴 수학을 멀리하게 된다.

필자의 경험으로는 〈1단계〉와 〈3단계〉를 연결하는 〈2단계〉가 제일 중요하다. 〈1단계〉의 자유분방한 사고력을 〈3단계〉의 서술형 사고로 발전시키기 위해서는 학생들마다 다양한 방법이 있을 것이다. 대표적인 예는 다음과 같으며 자세한 학습법은 이 책의 마지막에 실어 놓았다.

좋아하는 이미지 문제를 계속 풀면서, 중학교 수학학습을 병행한다. 중학교 수학에서 특히 좋아하는 분야를 심화학습 한다. 예를 들어 도형에서 합동 문제가 재미있고 자신 있으면 합동 문제에서 고난이도 문제들에 도전해본다. 합동 문제를 충분히 해결할 줄 알면 자연스럽게 닮음의 문제, 1차, 2차 함수 등으로 분야를 바꾸어 심화학습 한다. 심화 문제들을 통해 서술형학습이 자연스럽게 이루어지고 연역적 논리 체계에 익숙해진다. 상태에 따라 〈3단계〉로 바로 넘어가든가 〈2단계〉와 병행하면서 〈3단계〉의 고등학교 수학학습을 할 수도 있다.

서술형은 수학학습의 정도이고 수학의 고수가 되는 참된 지름길이다. 그러나 기초가 약한 학생은 고난이도 서술형 문제 때문에 수학에 흥미를 잃을 수 있다. 수학을 잘 못하는 학생은 조금 더 인내력을 가지고 〈1단계〉, 〈2단계〉 학습을 충분히 해야 한다. 수학적 사고력이 부족해도 올바른 방법으로 차근차근 접근하면 누구나 논술형 수학에 익숙해질 수 있다. 필자의 경험으로 볼 때 거의 모든 학생들은 이미지 수학 문제를 좋아하고 즐긴다. 〈1단계〉 상황이 〈2단계〉에서 적절히 정립되면 누구나 논술형에 적응하게 된다.

선행학습 함부로 하지 마라

잘못된 선행학습은 아이를 망친다

당시 고등학교 2학년이었던 중섭이를 5월쯤 처음 대면한 것 같다. 처음 온 학생이었는데도 함수의 극한을 꽤 잘 이해하는 듯하여 공부를 좀더 시켜볼까 하고 상담을 했다.

"몇몇 수학에 관심이 있는 학생들이 심화 수학교실에서 공부하고 있는데. 너도 관심 있으면 함께 해볼래?"

"네? 저는 수학 잘 못하는 데요……."

"내가 보기엔 잘 할 수 있을 것 같으니 한번 해봐."

"신경 써주셔서 감사합니다. 열심히 해볼게요."

심화 수학 교실은 선생이 전체적인 개요와 사고방식을 설명하면 학생들이 스스로 풀어보고 질문하는 형식으로 주입식과 토론식이 병행되는 수업이었다. 중섭이는 내 설명을 아주 잘 이해하는 것으로 보아 수학적 감이 뛰어나 보였다.

그런데 혼자 문제를 풀 때는 사정이 달랐다. 다른 학생들은 열심히 풀어보고 있는데 중섭이는 문제는 풀지 않고 멍하니 앉아만 있었다.

"왜 안 풀고 있어? 문제가 너무 어려워?"

"다 모르겠어요." ㅠㅠ

"설명은 알아들었니?"

"예, 근데 문제를 못 풀겠어요."

중섭이는 문제가 어렵다고 일찍 포기하고 다음 설명을 기다리고 있는데 비해 딴 학생들은 어떻게 해서든 혼자 해결해보려고 애쓰고 있었다.

"너 과외 많이 했지?"

"예……."

난 더 이상 묻지 않고 수학공부하는 방법에 대해서 이야기했다. 중섭이는 침착해보였고 내 수학공부법도 잘 이해하는 것 같아서 좀더 지켜보기로 했다.

미분을 설명할 때였다. 중섭이가 좀 산만해보여서 다 알고 딴짓 하냐고 야단을 쳤더니 좀 당황하는 것 같았다. 그래도 가르쳐준 문제를 풀어보라고 하니 의외로 꼭 미분을 다 배운 학생처럼 잘 풀었다.

"너 혹시 전에 미분을 배웠니?"

"예……."

나중에 물어보니 중섭이는 미분뿐만 아니라 수학책 전체를 이미 다 배운 상태였다.

난 그때부터 중섭이를 좀더 유심히 관찰해보았고 심화수학 교실에서 문제를 풀어 나가는 것을 하나하나 체크해보았다. 중섭이는 개념 용어 해설 등은 잘 알고 있었으나 수학적 사고력은 중하위 정도여서 문제를 조금만 응용해도 혼자 해결하는 것이 벅찬 상태였다.

내가 중섭이에게 관심을 보여서인지 중섭이 어머니로부터 전화가 왔다. 중섭이 어머니는 매우 지적인 분으로 차근차근 중섭이 문제의 핵심을 잘 설명하셨다.

중섭이는 초등학교 5학년 때부터 중학교 과정을 선행학습시켰는데 그 결과 중학교에서 수학을 아주 잘했었다. 그래서 중2 때 과외로 고등학교 선행학습을 시켰는데 왠지 중3 때부터 성적이 떨어지고 공부 의욕이 줄어들었다.

이대로 있으면 중섭이가 공부를 못할 것 같아서 좀더 적극적으로 과외를 시켜서 고등학교 1학년 1학기 때 고등학교 수학을 전부 선행학습시켰다고 했다. 그렇게 공부를 했지만 수학 성적은 반에서 5등 안에 겨우 들어갈 정도였고 고등학교 1학년 2학기 때부터는 성적이 많이 떨어져서 10등 밖으로 밀려 나가기도 했다.

어머니는 선행학습으로 중섭이의 성적이 올라가기보다 도리어 잘못된 것 같아서 너무 가슴이 아프고 미안하다고 했다. 선행학습에 대해서 하고픈 말을 어머니가 다 하셔서 난 그냥 듣고만 있었다. 어린 중섭이가 똘똘하여 과외로 선행학습을 시켰는데 오히려 의존적이 되었고 고등학교에 가서는 더욱 공부에 흥미를 잃어서 성적이 점점 떨어지고 있다고 했다.

어머니께 내가 지금 중섭이를 위해서 뭘 했으면 좋겠냐고 물으니 무슨 염치로 얘기하겠냐며 그냥 잘 부탁한다고 하셨다. 어머니는 자신의 잘못으로 중섭이가 저렇게 되었다고 하면서 여러 가지 방법을 다 시도해보았는데 특별히 개선되는 것이 없어서 더욱 가슴 아프다고 했다.

난 전화를 끊고 한참 멍하니 있었다. 문득 기네스북에 IQ가 제일 높은 것으로 올라있는 우리나라 천재가 떠올랐다. 초등학교에 들어가기도 전에 일본 NHK에서 미적분 문제를 풀어내던 그 아이는 이후에 천재성을 상실한 것으로 알려져 있다.

난 중섭이에게 재활학습(?)을 시키기로 하고 사고력 강화 문제들을 접하게 했다. 중섭이는 머뭇거리며 망설이다가 학습방법에 대한 충분한 설명을 듣고 따라오기로 했다. 확실히 다른 학생들보다 중섭이는 집중력이 떨어지고 사고력 문제에 대한 흥미가 별로 없어 보였다. 중섭이는 선생님이 해보라니까 그냥 해보는 것일 뿐 적극적으로 따라오지는 않았다.

좀처럼 중섭이의 닫힌 머리는 열리지 않았고 이대로 있으면 사고력 강화 문제들이 도리어 중섭이의 사고력을 망칠 것 같아 보였다. 난 퇴행학습(?)을 해보기로 했다.

다시 중학교 과정을 정리해보는 것이었다. 중섭이는 의외로 중학교 과정을 재미있어 했고 자발적으로 풀어왔다. 난 중학교 과정 중에서 특히 도형 부분을 많이 풀어 볼 수 있도록 유도했다. 중섭이가 중학교 도형에 흥미를 느끼고 제법 재미있게 풀어서 정말 다행스러웠다.

사실 중학교 도형에는 고등학생도 풀기 어려운 문제가 수두룩하다. 중섭이는 어려운 도형 문제까지 풀 수 있게 되면서 내 말을 더 신뢰하고 따랐다. 마냥 중학교 수학만 할 수는 없어 학교 시험공부도 병행시켰는데 고2 기말시험 때는 내신 성적이 꽤 올라서 반에서 3등을 하기도 했다. 난 중섭이에게 큰 부담이 되지 않는 정도에서 과제를 내주었고 열심히 해서 수학적 감도 좋아졌다.

성격도 조금 활발해졌는데 고3 초에 중섭이가 과제를 해오지 않을 때도 있어서 혹시 슬럼프가 왔는가 싶었는데 친구 얘기를 들으니 여학생을 사귄다고 했다. 혼날까봐 나한테는 얘기 안 한 것 같았다. 사실 고3 때 이성교제를 하다가 몹시 혼난 학생들이 꽤 있었다. 그러나 중섭이의 경우는 혹시 또 성격과 사고가 폐쇄적이 될까 걱정되어 이성교제를 모르는 척 놔두기로 했다.

수업시간에 안 올 때도 간혹 있었지만 중섭이는 공부를 꾸준히 했고 서울에 있는 중위권 대학교 전기전산과에 입학하였다. 중섭이에게 재수하여 명문대에 도전해보라고 권해보았는데 지금의 대학도 다닐 만하고 재미있다고 하여 내버려두었다.

요즘도 중섭이가 가끔 찾아와 이런저런 이야기를 나누곤 한다. 어차피 깨질 사이였는데 그때 그 여학생과 사귈 때 혼을 내서 떼어놓지 않고 그냥 두었냐고 항의 섞인 투정을 하기도 한다. 중학교 도형 문제를 풀 때 너무 재미있어서 처음으로 공부라는 것이 누가 시켜서 억지로 하는 것이 아니라는 것을 알았단다.

잘못된 선행학습은 아이를 망친다

나는 어릴 때 우리나라 위인전을 보고 미래가 없다는 생각에 좌절한 적이 많다. 을지문덕, 이순신, 이율곡, 세종대왕, 강감찬 등 많은 위인들은 어릴 때부터 특별한 무엇이 있었다. 태어날 때부터 용 꿈, 샛별 등 하늘이 정해준 남 다른 것이 있었고 갓난 아이 때부터 천재성을 보였다.

그야말로 '될 성싶은 나무는 떡잎부터 알아본다'는 속담처럼 어릴 때 능력이 모든 미래를 결정하는 듯했다. 초등학교 때 어머니께 내가 태어날 때 무슨 꿈을 꾸었냐고 물으면 '글쎄, 꿈을 꾸었나······?'라는 등 내 탄생과 관련된 사실에 별 관심을 보이시지 않는 듯했다.

어릴 때 무슨 능력을 보인 것도 없었던 나는 너무나 평범한 인간으로 미래의 꿈조차 가질 수 없는 존재였다. 우리나라 위인전은 어린 가슴에 너무 큰 좌절과 실망을 안겨주었다.

그러던 나에게도 꿈과 희망이 보였다. 초등학교 5학년 때 아버지께서 사주신 과학책 속에서 아인슈타인의 전기를 읽게 된 것이다. '아인슈타인은 어릴 때 얼마나 똑똑한 천재였을까?'라는 냉소적 호기심으로 그 책을 읽어보았다.

그런데 아인슈타인은 3살 때까지 말을 제대로 못하였고 기억력이 나빠서 선생님이 외우라고 시키신 것을 외우지 못해 미운 털이 박혀 괴로운 학창시절을 보냈다고 한다. 또 대학시험에 낙방하여 좌절하는 등 나보다 더 비참하고 무능력한 존재였다.

이런 아인슈타인이 인류 최고의 과학자였다니······. 나도 아인슈타인처럼 될 수 있다는 자신감이 생겼고 갑자기 주변의 모든 것이 환해지는 듯했다.

에디슨의 전기를 읽으면서 난 더 큰 기쁨을 느꼈다. 그때까지 에디슨이 어릴 때 너무 총명하여 물방울 하나에 물방울 하나를 더하면 큰 물방울 하나인데, 어떻게 1+1=2냐고 선생님께 물어보다가 결국 집에서 공부하게 되었다고 알고 있었다. 그런데 사실은 그게 아니었다.

에디슨은 남들이 다 이해하는 1+1=2를 이해 못하는 아이였기 때문에 어머니가 집에서 따로 교육시킨 것이었다. 당시 선생님이 엄격해서서 1+1=2라고 주입식 교육을 했었는데 어린 에디슨은 그것을 순발력 있게 빨리 받아들이지 못하여 늘 선생님께 지진아라고 혼났다고 한다.

그 외 『종의 기원』을 펴낸 찰스 다윈, 퀴리 부인 등등 거의 모든 위인들은 어릴 때 별 볼일 없는 평범한 사람들이었다. 실제로 위대한 위인들 중에 어릴 때부터 천재성을 보인 사람이 얼마나 있는가? 어쩌면 어릴 때 천재로 인정받던 아이가 커서 몰락한 경우가 훨씬 더 많을 것이다. 기네스북에 올라있는 세계 제일의 IQ 소유자인 우리나라 신동도 커서는 그 천재성을 상실하고 평범하게 살고 있다고 하지 않는가!

나는 가끔 텔레비전에서 엄청난 숫자를 암산하고 순식간에 책을 읽어내는 신동들을 볼 때마다 저 아이들이 과연 커서도 천재성을 발휘할까 하는 회의감이 든다. 어른(부모)들의 호기심을 자극하고 탄성을 자아내게 만드는 어린 광대 역할을 하는 듯하여 민망할 때도 있다. 계산을 잘한다거나 암기가 뛰어나다거나 어릴 때 어려운 미적분을 풀어낸다고 위인이나 천재가 되는 것이 아니다.

위인들이나 선각자 또는 진정한 천재들의 공통점
은 창의적 사고력, 뛰어난 상상력, 직관력에 있
다. 즉 오른쪽 뇌를 많이 사용하는 사람인 것이
다. 어린이의 뇌는 아직 시냅스 회로 형성
중에 있기 때문에 각 분야에서 천재성
을 보일 수 있다. 어린이들은 부
모의 지나친 교육 열정(?)으로 암
산, 암기 심지어 초능력(이건 더욱
더 위험하다) 등에 천재성을 보일 수
있다.

그러나 그것은 왼쪽 뇌 중
심으로 개발되거나 또는 시
냅스 회로가 일방적으로 형성되어 창의적 사고력을 마비시킬 수
있다.

단순한 지식은 고립되어 있고 대부분 사람들에게 별로 중요한
것이 아니므로 쉽게 잊혀진다. 그러나 지속적으로 반복 기억하면
이 지식의 조합을 유지하는 시냅스 연결이 일정화될 수 있다. 이
런 단순 반복이나 암기는 존재하는 시냅스 조합을 더욱 단단히 결
속시킬 수는 있어도 새로운 조합을 형성하지는 못하며 중요한 것
은 너무 결속이 강하여 창의적인 시냅스 회로 기능을 상대적으로
약화시킬 수 있다는 사실이다.

이 방법은 무엇보다 노력과 시간을 절감하는데 효과가 있습니다.

▶ 일찍 일어나는 새가 먹이를 잡는다?(×) 고생한다(○)

비유하자면 서울 – 부산 간 고속도로를 더욱더 넓히면 모든 차량 등 물류 흐름이 경부고속도로에 집중되며 상대적으로 다른 고속도로 국도의 이용률이 감소하게 된다. 정부에서 계속 지속적으로 경부고속도로를 8차선, 12차선, 24차선 등으로 늘리면 더욱더 많은 차량이 경부고속도로만 이용하고 다른 국도는 거의 사용하지 않게 될 것이다.

결국 다른 국도 이용의 장점은 모두 잊어버리고 경부고속도로만 이용하게 되고 만약 경부고속도로가 막히면 모든 차량이 고속도로 위에서 꼼짝 못하고 움직일 수도 없을 것이다. 국도로 빠져나가는 방법이 있는데도 습관적으로 고속도로에서 마냥 정체될 것이다.

사람의 뇌도 마찬가지로 단순 기억만 반복하게 되면 특정 시냅스 회로망만 계속 넓혀지고 다른 연결망과 새로운 조합형성을 못하게 되어서 결국 새로운 문제에 부딪치면 응용력이 떨어져 못 풀게 된다. 즉 사고의 융통성이 떨어져 고지식해지고 한 가지만 아는 두뇌가 되는 것이다.

다양한 생각과 다양한 문제들 속에서 우리 두뇌의 시냅스 연결망은 더욱더 다양해지고 거대 연결망을 형성하여 새로운 창의적 아이디어를 만들어 낼 수 있다.

어린이들이 암기, 암산 등에 천재성을 보이는 것은 어쩌면 당연할지 모른다. 어린 아이일 때는 시냅스 회로망이 구축되기 시작하므로 특정 회로망이 집중적으로 발달될 수 있다. 그러나 그것은 도리어 전체 회로망의 연결이나 새로운 회로망의 형성을 방해하여 창의성을 떨어뜨리고 융통성 있는 사고를 감퇴시키게 된다.

만약 초등학생에게 선행학습을 시켜서 함수를 가르친다고 생각해보자. 초등학생은 함수의 뜻과 개념을 이해하고 알 수 있다. 그러나 함수에 관련된 문제들을 풀기엔 아직 사고력이 성숙되어 있지 못하다.

결국 초등학생은 함수를 단순 암기하게 되고 관련 문제도 고립된 지식으로 기억하게 된다. 시냅스의 거대한 연결망에 자연스럽게 기억되는 것이 아니라 고립된 특정 시냅스에만 단순 반복 연결될 뿐이다. 초등학생이 함수도 이해한다고 하면 부모나 선생이 보기엔 꽤 수학적으로 똑똑해보일 수 있지만 창의적 사고력이 없는 겉만 번지르르한 헛 똑똑이일 뿐이다.

지금 대부분 선행학습은 왼쪽 뇌 중심의 교육이기 때문에 단순 암기, 계산 등에 치우쳐져서 창의적 사고의 융통성이 결여되게 된다. 사고력이 따라가지 못하는 상태에서 새로운 개념을 배움으로써 상상력, 직관적 창의성이 개발되지 못하고 수학을 단순한 암산, 암기로 생각하여 응용해서 해결해야 하는 문제를 풀지 못하게 된다. **결국 잘못된 선행학습은 아이를 바보로 만든다.**

선행학습으로

천재는 수재,
수재는 둔재로 바뀐다

　과학고, 외국어고 또는 일반고에서 공부 잘하는 학생들 중에 선행학습을 한 경우가 꽤 있는 것은 사실이다. 그런데 그 학생들이 과연 선행학습을 한 덕분에 공부를 잘하고 있을까?

　전혀 그렇지 않다. 어릴 때부터 사고력, 이미지적 창의력 개발이 충분히 되어있는 학생의 경우 고등학교 수학의 새로운 개념, 논리 등을 큰 무리 없이 받아들일 수 있다. 그런 학생의 경우 어렵지 않게 1~2년 정도는 선행하여 수업할 수 있다. 그러나 이와 같이 사고력이 뛰어난 학생도 사실은 선행학습이 필요 없을 뿐 아니라 도리어 창의력 발달에 장애가 될 수 있다.

　예를 들어 중학교 3학년 학생이 사고력이 뛰어나서 고등학교 수학의 삼각함수를 미리 선행하여 배웠다고 하자. 그 학생은 미리 삼각함수를 배워서 친구보다 삼각함수에 대한 지식이 많이 늘어난 것이지 특별히 창의적 통찰력이 향상되었다고는 할 수 없다. 도리어 새로운 개념을 이해하기 위하여 왼쪽 뇌의 논리 암기력이 발달되어 오른쪽 뇌의 창의성이 떨어질 수 있다.

　그런 사고력이 뛰어난 학생은 선행학습을 하지 않아도 고등학생이 되어 삼각함수를 배우면 즉시 이해하고 그 부분의 고수가 된다. 중요한 것은 새로운 개념을 누가 더 많이 알고 있느냐가 아니다. 누가 더 창의적인 아이디어가 번뜩이는가, 누가 더 통찰력, 상상력이 뛰어난가 하는 것이 훨씬 중요하다.

　어쩌면 천재가 선행학습에 의해 창의력이 떨어진 수재로 전락하게 된 것을 모르고 선행학습에 의해 수재가 되었다고 착각하고 있을 수도 있다.

　서양 고등학교에서는 벡터, 초월함수, 미분 등을 배우지 않으며 배운다 해도 선택

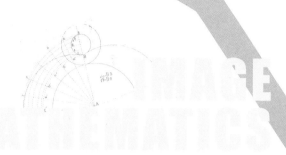

과목 형식으로 기초적인 것만 배운다. 그렇다고 그런 분야를 고등학교에서 배우는 한국, 일본, 중국의 대학생보다 수학을 못하는 것은 아니다.

도리어 고등학교 때까지 사고력, 창의적 수업을 하는 서양 학생들이 대학생이 되어서는 수학을 동양 학생보다 훨씬 더 잘하는 경향이 있다. 실제 미국, 유럽에 유학 간 우리나라 학생들은 서양의 수학적 능력에 감탄하고 또 그들과의 경쟁에서 좌절까지 겪는 예가 많다. 단순한 지식은 필요하면 언제든지 책이나 인터넷에서 찾으면 된다. 창의적 통찰력은 새로운 아이디어를 요구하는 현대에서 가장 중요한 능력이다.

심화학습을 하라

한번 잘하면 영원히 잘한다

명진이는 고등학교에 들어온 후 컴퓨터 게임에 빠져 공부와는 거의 담을 쌓고 살아왔다. 명진이를 만난 것은 고등학교 3학년 1학기였는데 말이 별로 없고 자기주장이 몹시 강해보였다. 당시까지 내신이 반에서 10등 안팎이었고 좋은 대학에 가는 것은 거의 불가능한 상태였다.

고3이 되어 철이 들어서인지 공부하려는 의지는 대단하였다. 나는 명진이에게 공부 방법과 삶에 대하여 많은 이야기를 하였고 그는 당분간 컴퓨터를 안 하기로 약속하였다.

명진이는 고등학교에 올라와서 거의 공부를 안 했기 때문에, 수학의 개념과 논리가 상당히 부족한 편이었다. 그러나 한번 배운 분야에 대한 응용력은 무척 뛰어났다.

명진이는 열심히 공부했고 3개월 만에 처음으로 수능모의고사에서 수리영역을 만점을 받았다. 정말 실력 향상이 빠른 경우였다. 다들 명진이가 머리가 좋다고 했다. 그러나 과연 그럴까?

"명진아, 너 머리가 좋으냐?"

"IQ 별로 안 높은데~"

"그럼 암기력은 좋아?"

"잘 잊어버리고 건망증도 심해요."

"근데 수학은 왜 잘하지?"

"글쎄요. 아직은 아주 잘하는 것 같지는 않은데요~"

"수학이 재미있니?"

"예, 어려운 문제 푸는 게 재미있어요."

"고등학교 1, 2학년 때는 수학공부 별로 안 했니?"

"거의 안 했어요."

"수학이 재미있다면서?"

"컴퓨터에 미쳐서……, 학교에서 수업은 조금씩 들었어요." ^^

"중학교 때도 공부 안 했어?"

"아뇨, 중학교 때는 수학에 미쳐있었어요."

"으응, 중학교 때는 공부 잘했던 모양이구나~"

"중학교 때 도형 문제에 미쳐서 어려운 문제까지 다 풀었었어요~"

명진이는 고3 때 갑자기 수학을 잘한 것이 아니었다. 그는 이미 중3 때 수학에 통달한 것이다. 그래서 고등학교 수학의 개념과 논리만 터득하면 바로 어려운 문제까지 척척 해결할 수 있었다. 명진이는 수학능력시험 때 수리영역에서 만점을 받고 고려대에 입학했다.

당시 고1이었던 선아네 반은 전교 1, 2등 하는 뛰어난 학생들이 많이 있었다. 선아도 중학교 때까지 상위권으로 성실한 학생이었다. 그런데 수학 시험을 보니 그 반에서 선아가 거의 꼴찌에 가까운 상태여서 몹시 충격을 받았었다.

이후 선아는 6개월 정도 거의 수학에 매달려 살다시피 했었고, 특히 도형의 방정식에 대해서는 아주 깊이 빠져들어서 어려운 문제도 쉽게 해결하곤 했다. 그 후 선아는 친구들의 질문에도 자세하게 답해주었다. 선아는 고등학교 2, 3학년 동안 수학 성적은 전교에서 최고였고 서울대 기계항공공학부에 진학해서 지금은 유학 준비 중이다.

선아는 성취감 있는 어려운 문제를 요구하였고 난 어려운 책들을 권해주었다. 선아는 마치 수학에 홀린 사람처럼 난이도 높은 문제들에 빠져있었다. 선아는 많은 문제집을 풀지는 않았지만 어떤 책은 여섯 번이나 볼 정도로 한 우물을 깊이 파는 스타일이었다.

한번 잘하면 영원히 잘한다

아인슈타인에게 어떤 기자가 질문을 하였다.

"상대성 이론은 어떻게 발견한 것입니까?"

"언제나 그것을 생각하고 있었습니다."

너무나 단순하고 당연한 대답이었다.

어느날 주기율표를 만들어낸 멘델레예프는 이렇게 이야기했다.

"이 방법을 발견하기 전 나는 그렇게 30년 동안 이 일을 해왔다. 그런데 어떻게 발견했냐고 묻는다면 그것은 어리석은 질문이라고 생각한다."

수학을 잘하는 학생들의 공통점은 크게 두 가지이다.

"수학이 재미있다."

"항상 수학 문제 속에 살고 있다."

수학을 못하는 학생들은 수학 문제를 풀면 그것으로 끝이다. 그래서 풀 때마다 새롭고 이전에 풀었던 문제들과의 연계성을 찾지 못한다. 수학을 잘하는 학생들은 어렵고 신기한 문제를 풀면 항상 머릿속에 문제가 맴돌고 예전에 풀었던 모든 문제들이 저절로 떠오르게 된다.

수학의 고수가 되는 일반적인 단계는, 우선 수학에 재미를 느끼는 것이다. 다음에는 어렵고 난이도 높은 문제를 스스로 푼다. 마지막으로 좀더 성취감 있는 새로운 분야를 스스로 찾는다.

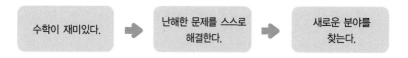

수학에 재미를 느끼는 유형은 크게 두 가지가 있다. 일반적으로 초·중학생의 경우 어려운 개념이나 논리가 필요 없다. 이미지 수학 문제 등으로 수학을 오락 게임처럼 즐기면서 재미를 느낄 수 있다. 고등학교 2학년 이상이 되면 대입 준비라는 필요성 때문에 공부를 억지로 하게 되지만 하다보면 문제가 풀리고 또 재미를 느낄 수 있다.

그런데 수학에 재미를 막 느끼고 있을 때 성급하게 선행학습으로 새로운 분야를 접하게 되면 학생들은 흥미보다는 중압감을 더 느낀다. 이는 기어다니는 아기가 막 무엇을 잡고 일어서는 것을 즐기고 있는데, 빨리 걷는 것을 강요하는 것과 같다. 앞서 예를 든 선아가 고등학교 도형의 방정식에 재미를 느끼고 자신 있게 문제를 풀고 있는데,

"도형의 방정식이 수학의 전부가 아니야, 삼각함수도 하고 벡터도 해야지~"

라고 하면 선아는 분명,

"수학은 정말 해도 해도 끝이 없구나."

라고 생각하며 입시의 중압감 속에 수학공부를 마지못해 억지로 할지도 모른다. 그러나

"도형의 방정식이 수학에서 제일 중요하단다. 네가 열심히 하니 정말 수학을 잘하겠다~"

라고 하면 선아는 더욱 흥미를 가지고 어려운 문제를 자발적으로 풀게 된다. 이런 심화학습을 통해 선아는 추상적 개념과 연역적 논리에 더욱더 익숙해지고 창의적 사고력도 저절로 향상된다.

나는 십수 년간 입시 현장에 있으면서 도형의 방정식은 잘하는데 함수를 못한다, 또는 함수는 잘하는데 로그는 못한다는 등의 말은 들어본 적이 없다. 도형의 방정식을 잘하면 당연히 함수도 잘하게 되고 함수를 잘하면 로그도 잘하게 된다. 고등학교 수학에는 도형, 함수, 삼각함수, 지수로그, 순열 등 수많은 분야가 있다. 그런데 한 분야를 통달하면 다른 분야는 말려도 잘하게 되어 있다.

그래서 '심화학습을 하라'는 것이다.

명진이처럼 중학교 때 도형에 통달한 학생은 언제든지 마음만 먹으면 수학을 잘할 수 있다.

'심화학습을 하라.'

수학의 어떤 분야를 아주 깊이 통달하면 다른 분야는 저절로 잘하게 된다. 한번 수학을 잘하면 영원히 잘한다.

점수 올리는 수학머리 따로 있다

▶ 초절정 고수의 전략 : 필살기를 다듬어라!

나는 얼마나
심화학습을 하였는가?
☞ 고1 이하의 학생은 그냥 지나가세요.

고등학교 1학년 함수를 다 배우면 다음과 같은 문제들을 순차적으로 풀 수 있다. 여러분도 한번 풀어보고 사고력의 어느 부분에 문제가 있는지 파악해보라.

1. $x^2+x+1=0$의 근은 실근인가 허근인가?

2. $x^2+ax+a=0$가 허근을 가질 때, 실수 a의 범위를 구하여라.

3. 어떠한 실수 x에 대해서도 $x^2+ax+a\neq0$일 때 실수 a의 범위를 구하여라.

4. $a^2+xa+x=0$을 만족하는 실수 a가 존재하지 않을 때 실수 x의 범위는?

5. $x^2+ax+a>0$이 모든 실수 x에 대하여 성립할 때 실수 a의 범위는?

6. $x^2+ax+a>0$이 모든 실수 a에 대하여 성립할 때 실수 x의 범위 또는 값은?

7. $x^2+ax+a>0$이 $0<x<3$에서 성립하도록 하는 실수 a의 범위를 구하여라.

8. $x^2+ax+a-1>0$이 $0<a<3$에서 성립하도록 하는 실수 x의 범위를 구하여라.

9. $y\geq x^2+ax+a$가 $0\leq a\leq2$에서 항상 성립할 때 $x+y$의 최소값을 구하여라.

해 설 ....

위의 아홉 문제는 고1 과정을 공부한 학생은 충분히 풀어야 할 문제들이다. 그러나 수학을 잘한다는 학생도 6번 이후부터 당황할 수 있고 선행학습 위주로 공부한 학생들은 몇 개 풀지 못하고 좌절한다.

1. $x^2 + x + 1 = 0$

  ① 근의 공식에 의해서 $X = \dfrac{-1 \pm \sqrt{3}i}{2}$ 즉, 허근이다.

  ② 판별식에 의해서 $D = 1 - 4 = -3 < 0$ 즉, 허근이다.

2. $x^2 + ax + a = 0$

  판별식에 의하여 $D = a^2 - 4a < 0$ $\therefore 0 < a < 4$

3. 어떤 실수 x에 대해서도 $x^2 + ax + a \neq 0$이란 말은 $x^2 + ax + a = 0$인 실수 x가 존재하지 않는다는 말이다. 즉, 실근이 없다는 뜻이고 이것은 허근을 가진다는 것이다. 결국 2번과 같은 문제이다.   답 : $0 < a < 4$

4. 이 문제는 상당한 논리성을 요구하는 것 같지만 실제로는 학생들에게 언어 추리력적인 직관을 요구하고 있다.

$a^2 + xa + a = 0$의 문제는 2번 문제에서 a, x가 서로 뒤바뀐 것에 불과하다.
문자만 뒤바뀌어도 혼돈하고 못 푸는 학생들이 의외로 많다. 문제는 a에 대한 2
차식이 허근을 가질 때 이므로
판별식 $D = x^2 - 4x < 0$ 답 : $0 < x < 4$

5. 여기부터는 해석기하 문제로 그림을 통한 이미지적 사고력이 요구된다.

   $y = x^2 + ax + a > 0$로 두면

   $y = x^2 + ax + a$의 그래프가 $y = 0$ 위에 있어야 한다.

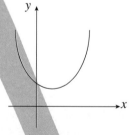

                        따라서 x축과 만나지 않으므로 실근이 없다.

                         $\therefore D = a^2 - 4a < 0$ 답 : $0 < a < 4$

6. 이 문제는 4번처럼 a, x가 뒤바뀐 상태이다. 따라서 a를 기준으로 정리해야 한다.

   $x^2 + ax + a > 0 \leftrightarrow (x + 1)a + x^2 > 0$

   $f(a) = (x + 1)a + x^2 > 0$으로 두면 $f(a)$는 a에 대한 일차적이고 항상

   $f(a) > 0$이어야 한다. 직선 $f(a)$의 기울기가 0이 되지 못하면

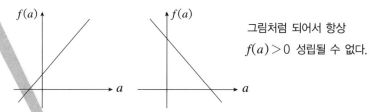

그림처럼 되어서 항상
$f(a) > 0$ 성립될 수 없다.

따라서 기울기가 0가 되어야 하고 절편이 양수이어야 한다.

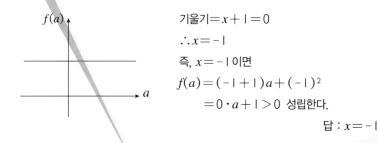

기울기$= x + 1 = 0$

$\therefore x = -1$

즉, $x = -1$이면

$f(a) = (-1 + 1)a + (-1)^2$

　　　$= 0 \cdot a + 1 > 0$ 성립한다.

답 : $x = -1$

이 문제를 풀기 위해서는 문제를 시각화하고 이미지적으로 사고해야 한다.

7. 이 문제는 중위권 학생들이 특히 어려워하는 것으로 문제를 시각화하고 또 꼼꼼
하게 빠짐없이 분석해야 한다.

$f(x) = x^2 + ax + a = (x + \dfrac{a}{2})^2 - \dfrac{a^2}{4} + a$의 그림을 그려서 생각하자.

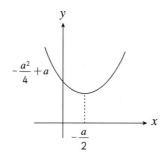

그런데 $0 < x < 3$에서 $f(x) > 0$이므로 꼭지점의 위치에 따라 다음의 세 가지 경우로 나눌 수 있다.

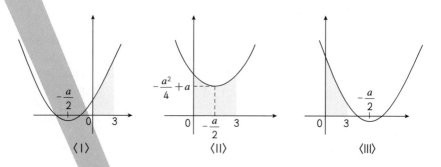

⟨I⟩의 경우 $-\dfrac{a}{2}\leqq 0$ $f(0)=a>0$ 즉 $a>0$

⟨II⟩의 경우 $0<-\dfrac{a}{2}\leqq 3$이고, $f\left(-\dfrac{a}{2}\right)=-\dfrac{a^2}{4}+a>0$

즉 $-6\leqq a<0$이고 $0<a<4$ ∴공통된 a는 없다.

⟨III⟩의 경우 $-\dfrac{a}{2}>3$이고, $f(3)=9+3a+a=9+4a>0$

즉 $a<-6$ 이고 $a>-\dfrac{9}{4}$ ∴공통된 a는 없다.

이상의 ⟨I⟩⟨II⟩⟨III⟩에서   답 : $a>0$

그러나 좀더 현명하고 이미지적 사고력이 풍부한 학생이라면 아마 7번 문제를 다음과 같이 풀 것이다. 다음처럼 풀어야 응용력이 커지고 좀더 어려운 9번 문제를 해결할 수 있다.

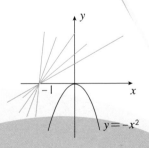

$x^2+ax+a>0\leftrightarrow a(x+1)>-x^2$

따라서 $y=a(x+1)$이 $y=-x^2$보다 항상 위에 있으면 된다.

그림에서와 같이 $y=a(x+1)$은 $(-1,0)$를 지나는 직선이며

$y = -x^2$보다 항상 위쪽에 있기 위해서는 기울기 $a > 0$이면 된다.

답 : $a > 0$

8. 이 문제는 7번에서 a와 x가 바뀐 상태이다.

$f(a) = (x+1)a + x^2 - 1$이면 $f(a)$는 a에 대한 일차식이다.

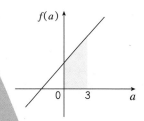

$0 < a < 3$에서 항상 $f(a) > 0$이기 위해서는

⟨I⟩ $f(a) = x^2 - 1 > 0 \rightarrow x > 1, \ x < -1$

⟨II⟩ $f(3) = (x+1)3 + x^2 - 1 > 0$

$\rightarrow x < -2, \ x > -1$

⟨I⟩, ⟨II⟩에서 답 : $x < -2 \ or \ x > 1$

9. 이 문제는 4, 8번처럼 x, y중심에서 a중심의 세계관으로 바꾸어 생각해야 한다. 세계관을 바꾸는 힘은 왼쪽 뇌가 아니라 오른쪽 뇌에 있다. 왼쪽 뇌는 기존 세계관에서 논리 꾸려가는 사고방식이지만 오른쪽 뇌는 직관적이고 창조적이므로 사고의 대전환을 이룰 수 있다. 문제의 식을 a에 대하여 정리하면

$f(a) = (x+1)a + x^2 - y \leq 0$ 이면 $f(a)$는 a에 대한 일차식이다.

$0 \leq a \leq 2$에서 항상 $f(a) \leq 0$이기 위해서는

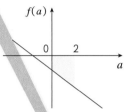

$\langle \text{I} \rangle\ f(0)=x^2-y\leqq 0 \rightarrow y\geqq x^2$

$\langle \text{II} \rangle\ f(2)=(x+1)\cdot 2+x^2-y\leqq 0$

$\qquad \rightarrow y\geqq x^2+2x+2$

$\langle \text{I} \rangle$, $\langle \text{II} \rangle$식을 다시 x, y평면에 그려보면

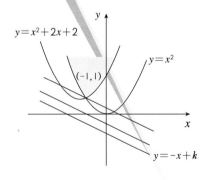

여기서 $x+y=k$로 두면

$y=-x+k$이며

이것은 그림에서 점$(-1, 1)$을 지날 때

최소가 된다.

따라서 $k=-1+1=0$

답 : 최소값 0

10 무조건 푼다고 될 일이 아니다

. . . .

적은 문제로 고수가 된다

　태석이는 학교 내신 성적이 뛰어난 매우 성실하고 부지런한 학생이었다. 숙제도 꼬박꼬박 잘하고 수학 문제를 부지런히 풀면서 열심히 공부하는 모범생이었다. 학교 시험에서는 수학 성적이 늘 만점에 가까웠으나 안타깝게도 수능모의고사만 보면 3등급 이하여서 명문대에 가기는 어려운 상태였다.

　태석이는 수학 문제를 특히 많이 푸는 스타일이었는데 그 문제들은 대부분 쉬운 것들이었다.

　"아는 문제는 대충 넘어가고 한번에 풀지 못하는 문제 위주로 풀어."

"어떻게 쉽고 어려운 문제를 구별할 수 있어요? 풀어봐야 알기 때문에 결국 다 풀게 되요."

"그래도 풀다보면 대충 알 수 있으니 쉬운 것은 그냥 넘어가."

"어떻게 풀다가 도중에 그만둘 수 있어요? 그렇게 하기 힘들어요." ㅠㅠ

"쉬운 구구단만 외우고 있으면 그 사람이 수학을 잘하겠냐? 쉬운 문제를 단순 반복하여 풀면 사고력이 도리어 떨어질 수 있어. 사고력을 필요로 하는 문제를 풀어."

태석이는 내 말을 잘 이해하는 듯하면서도 실제로 실천하진 못하고 계속 교과서적인 단순한 문제에 매달려 있었다.

태석이는 내가 최면 얘기를 하면 흥미 있게 듣곤 했으므로 최면으로 심리 상태를 파악하고 싶었다. 최면에는 부작용이 없고 내면 세계 경험을 통해 새로운 발견을 할 수 있다는 설명을 충분히 해주었고 태석이는 주저없이 응하겠다고 했다. 난 가끔 몇몇 학생의 경우 최면을 사용해보기도 하는데 누구나 쉽게 최면에 드는 것은 아니지만 서로가 신뢰하면 대부분 최면 상태에 들어갈 수 있었다. 태석이의 경우는 예비 검사도 안하고 쉽게 최면에 들어갔다.

난 지금의 수학공부 상태와 가장 밀접한 전생에 가라고 했다. 태석이는 전생에서 도서관장을 하고 있었다.

"지금 당신은 뭘 하고 있습니까?"

"도서관에서 책을 읽고 있어요."

"도서관장인데도 당신은 열심히 공부하는군요."

"예, 도서관에 있는 책을 모두 읽어야 합니다."

"작은 도서관인가요?"

"아닙니다. 아주 큰 도서관입니다."

"책 읽는 것이 재미있나요?"

"아닙니다. 도서관장으로서 도서관에 있는 책을 모두 읽어야 합니다."

"도서관장의 의무가 책을 모두 읽는 것입니까?"

"아닙니다. 관장은 모든 것을 알아야 하기 때문에 읽고 있습니다."

"그럼 도서관 관리는 누가 합니까?"

"글쎄요, 직원이 하는 것 같기는 한데……."

"도서관에 책은 잘 정리되어 있나요?"

"아닙니다~"

"도서관에 찾아오는 사람들은 책을 재미있게 읽고 있나요?"

"아닙니다. 필요한 책을 찾느라 여기저기 뒤적거립니다."

"당신은 관장으로서 책 정리에는 관심이 없군요?"

"그런 것은 아닌데 책을 읽느라 너무 바빠요. 밥 먹을 시간도 없이 계속 책만 읽거든요~"

최면 명상이 끝난 후 태석이는 신기해하면서도 자신의 문제점에 대해 뭔가 깨달은 듯했다. 이 책에서는 최면 상태에서 생긴 경험에 대한 사실성, 신빙성, 그 효과 등에 대한 여러 가지 논의를 하고자 하는 것은 아니다. 단지 최면 명상은 자신 내면 심리 상태의 한 표현이라고 간단히 생각하면 좋겠다.

"제 전생 경험에 대해 어떻게 생각하세요?"

"모든 최면 상태의 경험은 본인이 제일 잘 알기 때문에 섣부른 해석을 할 수는 없단다. 너는 어떻게 생각하니?"

"전생에서 도서관장이란 좋은 직책에 있으면서도 뭔가 쫓기는 듯하고 가슴이 답답했어요. 이제는 마음이 좀 편해졌어요. 뭔가 정리되지 않은 잘못된 제 공부 방법에 대해 반성도 했고요." ^^;;

"고등학교 수학을 한번 정리해봐."

"네?? 수학은 정리하는 게 아니고 사고하는 거라고 말씀하셨잖아요."

"그런 암기식 정리를 하라는 것이 아니라 논술형으로 정리하라고. 이제 고3이니 그 동안 배운 것을 체계적으로 다시 리뷰하고 틀린 문제도 따로 정리해봐."

"수학에서 오답노트를 만들지 말라고 하시지 않으셨어요?"

"그런 암기식 오답노트가 아니라 틀린 과정을 적어보는 사고하는 논술형 오답노트를 만들어 보라고~"

난 학생들에게 수학을 정리하며 외우고 또 오답노트를 만들어 그 답을 계속 보면서 외우는 것은 절대 하지 말라고 당부했었다. 그렇게 하면 사고력과 직관력을 요구하는 수학이 암기과목이 되고 결국 조금만 응용해도 못 풀게 된다. 이것은 이 책에서 계속 말해왔던 왼쪽 뇌 위주 학습법의 폐단이다. 그러나 태석이의 경우는 전체적인 숲의 개요를 알 수 있어야 했고 또 자신이 해결해야 할 나무들을 분간할 수 있어야 했다. 난 태석이에게 수학책의 각 단원의 내용에 대해 마인드맵을 작성해오라고 했다. 동시에 각 단원별로 틀린 문제들을 정리하되 절대 답을 쓰지 말고 자신의 풀이법과 틀린 내용을 적으라고 했다. 또 마인드맵에 나오는 모든 공식을 논술형으로 유도하여 모든 개념과 논리를 이미지화하라고 했다.

태석이는 모범적이고 워낙 성실한 타입이라 마인드맵을 성의껏 잘 작성해왔다. 그러나 틀린 문제 정리는 했으나 자신의 생각은 제대로 적지 못하여 꽤 애를 먹었다. 시행착오 속에서 야단도 많이 맞았지만 그래도 나중엔 잘 적응하였다. 특히 공식 유도를 서술형으로 정리하면서 사고력이 상당히 체계화되어 자기 것으로 소화할 수 있었다. 또 새로운 학습법을 통해 정신적으로도 안정을 찾아갔다. 태석이는 연세대 전기전자공학부에 입학하였고 열심히 대학생활을 하고 있다.

적은 문제로 고수가 된다

수학공부법에는 유사한 문제를 많이 푸는 방법과 적게 풀어도 난이도 있는 문제를 깊이 사고하여 푸는 방법 두 가지가 있다. 일반 학교, 학원, 개인과외에서는 첫 번째 방법을 선호하고 있으며 국내 수학 서적의 거의 대부분은 유사 문제를 많이 취급하여 문제해결 능력을 높이려고 시도하고 있다. 첫 번째 방법이 무조건 잘못되었다고 보지는 않는다. 수학적 사고 능력이 뒤떨어지는 학생에게 두 번째 방법을 요구하게 되면 어려운 문제 속에서 좌절하고 수학적 흥미를 잃어버려서 수학을 포기하게 될 것이다.

부럽지?
요기까지
뛰어 보지?

대부분의 학생들은 사고 능력이 충분히 발달되지 않았기 때문에 첫 번째 방법을 선호하는 것이 당연할지 모른다. 그러나 첫 번째 방법은 수학을 못하는 학생들에게 수학적 흥미, 자신감 그리고 문제풀이 속에서 개념을 이해하기 위한 것일 뿐이며 사

▶ 끊임없이 자신의 한계를 높여나가라.
－벼룩은 자신을 가둔 통의 높이 만큼 뛸 수 있다.

고력이 성숙되었는데도 계속 요구되는 것은 아니다. 즉 유사 문제를 계속 풀면 단순 암기식의 주입식학습이 되어 창조성 및 응용력을 상실하게 된다. 즉 왼쪽 뇌 중심으로 고착되어 오른쪽 뇌의 풍부한 사고력을 사용하지 못하게 된다.

유명한 젖꼭지 테스트의 예를 보자(이것은 인간의 언어 습득 과정이 출생과 함께 시작된다는 것을 밝혔던 테스트로, 동시에 우리의 뇌는 새로운 자극을 좋아한다는 것을 알아낸 중요한 실험이다). 아기(유아)는 새로운 자극이 주어질 때 젖꼭지를 더 자주 빨려고 하는 경향이 있다. 예를 들면 젖을 빠는 아이에게 '마' 라는 말을 일정 간격으로 반복해서 들려주면 젖 빠는 횟수가 점점 줄어든다. 그러나 소리를 '바' 로 바꾸면 젖 빠는 횟수가 갑자기 늘어난다. 이를 통해 아기들은 '마' 와 '바' 라는 소리를 구별한다는 것을 알 수 있다. 이 젖꼭지 테스트는 인간의 언어 습득 과정이 출생과 함께 시작된다는 것을 밝히는 동시에 우리의 뇌는 새로운 자극을 좋아한다는 사실을 알아낸 중요한 실험이다.

익숙해진 틀에 박힌 시냅스 구조는 더 이상 발달하지 않는다. 그러므로 반복적이고 유사한 학습에서는 이웃 시냅스들과 다양하고 강한 조합을 만들 수 없다. 그러나 예상치 못한 새로운 조합은 이웃 시냅스들과의 조합을 강하게 연결시켜 학습 능률을 높인다.

많은 학생들은 주입식 교육에 너무 익숙하여 태석이처럼 유사한 문제를 풀고 또 풀면서 공부하고 있다. 아기가 '마' 라는 말을 계속 반복하여 들으면서 어쩔 수 없이 젖을 빨아야 하는 상황을 생각해보라. 얼마나 비효율적이고 지겨울까?

가장 정상적이고 효율적인 수학공부 방법은 초·중학교 때까지는 오른쪽 뇌학습을 충분히 하는 것이다. 즉 풍부한 상상력, 사고력을 개발하는 학습이 되어야 한다.

초·중학교 때 이미지 수학으로 직관적이고 창조적인 사고력을 개발하면 고등학교에 도입되는 수많은 새로운 수학적 개념들을 쉽게 이해할 수 있고 응용력 있는 문제를 부담 없이 해결하게 된다. 즉 이미지 수학 문제 연습이 충분히 되어 있으면 많은 문제를 풀지 않아도 수학의 고수가 된다. 직관적 사고력은 팔의 근육에 해당하며 새로운 개념들은 주먹에 비유될 수 있다. 주먹이 아무리 튼튼한들 팔의 근육이 비실하면 소용없다.

앞에서 서술한 선행학습의 폐단도 바로 여기에 있다. 충분한 사고력 없이 고등학교 선행학습을 통하여 새로운 개념만 받아들이면 개념을 이해하는 것이 아니라 암기하게 되고 주먹만 키우는 결과가 나타난다. 주먹이

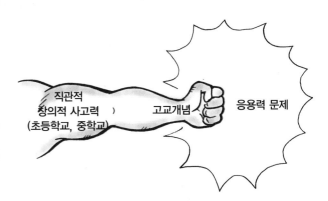

직관적
창의적 사고력 〉 고교개념 → 응용력 문제
(초등학교, 중학교)

단단해 보여 부모나 선생님들이 보기엔 아무 문제 없어 보이지만 팔 근육이 발달되지 않아서 응용 문제에서 좌절하게 된다.

　내가 경험한 대부분의 고등학생들은 중학교 때 충분한 이미지 사고력을 키우지 않은 상태였다. 난 다음과 같은 말을 무수히 들어왔다.

　"선생님 설명을 들으면 알겠는데 스스로 풀면 안 돼요. 머리가 나쁜가 봐요. 새로운 문제만 보면 겁이 나고 풀 엄두가 안나요." ㅠ_ㅠ

　고등학교 2, 3학년쯤 되면 이제 철이 들어서 대학에 진학할 마음을 먹고 수학공부를 열심히 하는 학생들이 많다. 그 중에서는 시중의 참고서를 외우다시피 하는 열성파도 있으나 수능모의고사를 치면 반타작(50퍼센트)을 넘지 못한다. 결국 자신의 한계를 느끼고 머리 탓을 하면서 좌절하게 된다. 나는 이런 상태의 학생을 무수히 보아 왔으며 대학에 가기 위해 열심히 공부하는 많은 고등학생이 이러한 경험을 하게 된다.

　이와 같이 이미지적 사고력이 부족한 고등학생의 경우는 고등학교 교과과정의 수학공부와 더불어 이미지적 사고능력을 향상시키는 문제들을 병행하여 논술형으로 학습하면 능률이 크게 향상된다.

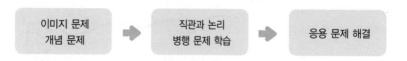

　비록 중학교 때 충분한 오른쪽 뇌 개발이 되지 않았더라도 고등

학교 2, 3학년 때 이미지 사고를 하면 직관적 사고력이 향상될 수 있다. 즉 고등학교 때도 오른쪽 뇌 개발이 가능하다는 것을 교육 현장에서 많이 보아왔다. 이와 같은 오른쪽 뇌 개발 프로그램을 통해서 학생들은 난이도 높은 문제를 풀면서 집중적으로 사고함으로써 수학의 고수가 될 수 있다. 즉 적은 문제를 풀면서 효율적으로 수학을 정복하려면 직관적 사고력이 선행되어야 한다.

앞의 예에 등장한 태석이는 마인드맵 훈련을 시켰는데 이 학습법은 이미지 기법으로 수학 개념과 자신의 문제점을 정리하는데 매우 유용하다. 마인드맵은 스스로 작성하는 것으로 꼭 우리 뇌의 뉴런과 축색돌기, 시냅스 연결과 비슷하게 생겨 흥미롭다. 이런 마인드맵은 중학교 이하에서는 대부분 유용하나 고등학교의 경우는 거부감을 일으키고 지루한 작업으로 생각하는 학생들도 있다. 흥미를 끌지 못하는 학생들에게 무리하게 마인드맵 훈련을 시킬 필요는 없다.

고등학생의 경우 개념정리보다는 응용 문제해결이 더 급선무이므로 문제풀이 과정에서 생기는 사고력 향상이 더 큰 문제가 될 수 있다. 태석이의 경우는 워낙 정리가 되지 않은 학생이고 또 성실하고 꼼꼼한 면이 있어서 마인드맵 훈련이 성과가 있었다. 이를 통해 태석이는 틀린 문제 속에서 자신의 사고력을 향상시키고 유사한 문제를 반복해서 푸는 비효율성으로부터 탈출할 수 있었다.

오류가 갇힌 진리보다 낫다

유추는 창의력의 원동력

　혜진이는 소극적이긴 해도 얌전하고 착했으며 무엇보다도 성실해보였다. 공부를 썩 잘하지는 못해도 내신 성적은 어느 정도 나오는 학생이었다. 그런데 2학년 마지막 수능모의고사 성적을 우연히 보게 되었는데 수리영역 점수는 그냥 찍어도 나올 점수였고 언어영역, 외국어영역 등 다른 과목도 거의 바닥에 가까운 상태였다. 난 혜진이를 교무실로 불러서 수리영역 시험을 볼 때 혹시 딴 생각을 했거나 피곤해서 졸았느냐고 물었다. 혜진이는 원래 수능모의고사 점수가 그렇게 나온다며 목이 메어서 말을 제대로 잇지 못하다가 결국 울어버렸다.

그때 마침 혜진이 학교 선배인 선희가 인사차 왔다. 난 선희에게 "후배 위로해주고 용기도 좀 북돋아줘라"라고 했다. 선희는 혜진이를 데리고 나가서 자신감을 심어주기 위해서 상당히 노력을 하는 것 같았다. 그 후 난 혜진이와 친해졌으며 학생도 내 말을 믿고 잘 따라 주었다.

수학 실력이 워낙 형편없어서 난 가급적 기초적이고 쉬운 문제부터 풀라고 하고 사고력을 위해서 이미지 문제들을 같이 공부시켰다. 혜진이는 집중적으로 열심히 하는 스타일은 아니었고 친구들과 적절히 놀아가면서 쉬엄쉬엄 공부했으나 수업 시간에 숙제는 꼭 해오는 편이었다. 좀 소극적이고 수동적이라서 시킨 것은 하는데 스스로 하는 것은 별로 없고 수업시간에 종종 졸기도 했다.

이런 상태로는 대학을 가지 못하니 생활 태도를 완전히 바꾸라고 충고하고 과제 중심으로 혜진이를 통제하기로 했다. 내가 좀 심하게 야단을 쳤는지 많이 울었고 의지가 약한 자신을 원망하기도 했다. 어쨌든 혜진이는 내가 시킨대로 하기로 하고 수학 과제를 열심히 풀었다.

그러던 중에 혜진이는 질문을 할 때 남들과는 좀 다르게 한다는 것을 알게 되었다. 그는 "선생님 이렇게 풀어도 되요?"라고 물었고 난 그냥 지나는 투로 "응 그래도 돼~~!!"라고 대답해주고 넘어갔다. 한번은 이차방정식 문제를 심각하게 물은 적이 있었다. "선생님이 가르쳐주신 답에서는 이렇게 풀었는데 왜 저는 답과 다르게 푸는지 모르겠어요. 이렇게 풀어도 되요?" 난 그때야 비로서 뭔가 신중하게 대답해야 되겠다는 생각이 들었다.

"응 네가 푼 것도 좋은 방법인데 뭐가 문제가 되니?"

"제가 풀면 답안지와 푸는 방법이 달라서 답이 틀릴 것만 같아요." ㅠ_ㅠ

"수학이란 게임의 룰에 적응이 되지 않아서 풀이를 해도 자신이 없는 거야. 문제를 풀어놓은 것을 보면 사고력이 뛰어나던데. 그것이 응용력을 높여서 나중에는 수학을 아주 잘하게 될 거야." ^^

"제가 수학도 못하고 머리가 나쁘니까 괜히 위로해주시려고 그렇게 말씀하시는 거죠." ㅜ_ㅜ

"아니야, 왜 그런 생각을 하는 거니?"

"중학교 때 인수분해 숙제가 있었는데 직관적으로 답을 바로 적어갔다가 논리적으로 차근차근하게 풀어 놓지 않았다고 선생님께 야단을 맞은 적이 있거든요. 그때부터 수학을 어떻게 풀어야 할지 걱정이에요. 답이 맞아도 풀이가 해설지하고 틀리면 잘못 푼 게 아닌가 하는 생각이 들어요. 그렇게 되다보니 자신이 없어져 수학 자체를 멀리하게 되요……. ㅠ_ㅠ 특히 이차방정식과 이차곡선 사이의 관계가 헷갈려서 제대로 정리도 안 되고 제 생각하고 항상 틀려서 수학적 자질도 없고 머리가 너무 나쁜 게 아닌가 하는 생각을 하게 되었어요." ㅜ_ㅜ

나는 그놈의 껍데기 논리가 또 한 명의 어린 천재를 죽였구나라는 생각에 가슴이 아팠다.

혜진이에게 페르마 대정리에 대한 이야기를 해주었고 추론적 직관이 얼마나 창조적이며 새로운 세계를 발견하는 중요한 단서가 되는지를 설명해주었다. 추론적 직관은 당연히 일반화의 오류를 범할 수 있다. 그러나 그러한 오류가 두려워서 사고를 하지 않는다면 어떠한 과학적, 수학적 발견도 할 수 없게 된다. 뉴턴의 $f=ma$는 당연히 오류 투성이며 그것의 오류를 좀더 줄인 아인슈타인의 $E=mc^2$ 역시 어쩔 수 없는 오류를 지니고 있다.

나는 혜진이에게 직관적 풀이법들은 창조적인 에너지를 갖고 있는 것이므로 소중하게 여기라고 했다. 또 자신의 능력을 발전시킬 수 있도록 더 많은 사고를 하면 수학적 개념과 논리는 저절로 정복된다고 했다. 혜진이는 이후 수학에 상당히 흥미를 느껴서 더욱 열심히 공부했고 수학능력시험에서 수리영역 1등급을 받아 문과임에도 불구하고 교차지원으로 모 대학 수학과에 진학하였다.

유추는 창의력의 원동력

사람이 죽는다는 사실을 우리의 뇌는 어떻게 알까?

"모든 동물은 죽는다. 사람은 동물이다. 따라서 사람은 죽는다"

라는 삼단논법식 연역법으로 안다는 것은 억지이다. 이 논리대로 이해하려면 사람이 죽는다는 것을 인지하기 위해서는 사람을 포함한 모든 동물이 죽는다는 것을 먼저 알아야 하는데 이것은 사고를 더욱 복잡하게 엮어갈 뿐이다. 즉 사람이 죽는다는 사실도 잘 모르는데 어떻게 사람뿐만 아니라 모든 동물까지 죽는다는 것을 인식할 수 있을까? 삼단논법에서는 모든 동물이 죽는다는 가정에서 사람이 죽는다는 부분적 사실을 서술할 뿐이다. 모든 동물이 죽으면 사람이 죽는 것이 당연하며 새로운 발견이나 창조적인 면은 전혀 없다.

세종대왕, 이순신, 강감찬, 이율곡, 징기스칸, 뉴턴 등 우리가 아는 옛 사람들은 모두 죽었다. 따라서 유추하건데 사람은 죽는다. 이것은 경험적 귀납에 의하여 사람은 죽는다고 일반적 유추를 하는 것이다. 이와 같은 수많은 경험을 통해 우리는 사람이 죽는다는 사실을 인식하게 된다. 즉 사람이 죽는다는 사실을 발견하게 되는 것이다. 과학, 수학 등의 거의 모든 새로운 발견은 이와 같은 유추적 직관에 의하여 이루어졌다.

다윈은 『종의 기원』에서 수많은 자료 수집과 유추적 해석에 의하여 적자생존이란 진화론을 주장하였고 멘델레예프의 주기율표도 원소 질량을 배열하는 가운데 발견되었다. 뉴턴의 $f=ma$, 아인슈타인의 $E=mc^2$ 등의 물리학적 공식도 모두 유추 직관의 산물이다. 그러나 이런 유추는 항상 오류의 위험성을 동반한다. 이런 오류의 가장 대표적인 것은 서양 과학의 아버지인 아리스토텔레스의 관찰이다. 아리스토텔레스는 이 세상에 진공은 없다고 주장하였는데 그 증거로 컵에 물을 넣고 뒤집으면 물이 그대로 컵 속에 차있는 것을 내세웠다. 만약 컵 속의 물이 그림처럼 내려가면 그 속에 진공이 생길 것이다. 그러나 물은 내려가지 않았다. 그는 이것이 자연 현상에 진공이 존재하지 않는 증거라고 주장하였다. 그러나 근세로 넘어와 토리첼리는 수은을 사용하여 76센티미터 이상의 수은기둥에서 진공이 생기는 것을 밝혔다. 이것은 약 10미터의 물 높이에 해당하는 것으로 아리스토텔레스는 그렇게까지 높은 물기둥을 이용한 실험은 하지 않았었다. 이런 사실로 아리스토텔레스를 성급하고 엉터리인 과학자라고 비난하지 않는다. 아리스토텔레스는 이러한 유추적 직관으로 고래를 포유류로 분류하는 등 수많은 과학적 업적을 낳았다.

뉴턴의 $f=ma$나 아인슈타인의 $E=mc^2$ 역시 양자역학 과학자에게 신랄한 비판을 받기도하지만 아무도 두 사람의 업적을 과소평가하지 않는다. 유추적 직관은 과학과 수학

▶ 아리스토텔레스의 실수 :
때때로 직관은 오류를 동반한다.

적 발견의 근본이고 인간 사고력의 중요한 부분이다. 오류를 범할까 두려워 유추를 하지 않는다면 애초부터 사고하지 않는 동물이 되는 편이 좋을 것이다.

수학에서는 유추적 직관에 관련된 가장 큰 사건이 페르마의 대정리(페르마의 마지막 정리)이다. 페르마는 17세기 프랑스 사람으로 법률가였는데 수학은 그에게 일종의 취미였다. 페르마는 다른 수학자들과는 달리 자신의 연구 결과를 공식 석상에서 발표하는 일은 거의 드물었고 가까운 수학자들에게 편지로 알리는 정도였다. 페르마는 책의 여백이나 친구에게 보내는 편지 여백에 자신의 이론을 낙서하듯이 정리하곤 했다.

이러한 페르마의 발견을 19세기에 들어 새롭게 밝혀지면서 아마추어 수학자에서 위대한 수학자로 추앙받게 되었다. 페르마를 수백 년 동안 화제의 수학자로 등장시킨 것은 다음과 같은 '페르마의 대정리'이다.

＊페르마 대정리 ● ● ● ● ● ● ● ● ● ● ● ● ● ● ● ● ● ●

3 이상의 모든 자연수 n에 대하여

$x^n + y^n = z^n$을 만족하는 자연수 x, y, z는 존재하지 않는다.

페르마는 디오판토스(Diophantos, 그리스의 철학자)의 책 『산수

론 *Arithmetica*』을 읽다가 책의 여백에 이 정리를 낙서처럼 남겼으며 "나는 정말로 놀라운 증명법을 발견했다. 하지만 여백이 없어서 그 증명은 생략한다"라는 글도 함께 적었다. 이 정리는 피타고라스 정리 $x^2 + y^2 = z^2$를 좀더 일반화시킨 것으로 처음에는 피타고라스 정리를 성립시키는 피타고라스 수가 무한하게 있기 때문에 3이상의 자연수에서도 $x^n + y^n = z^n$식을 만족하는 x, y, z가 존재할 것이라 생각했다. 그러나 페르마는 아무리 연구해도 찾아 낼 수 없어서 자연수 해가 존재하지 않는다고 추론했다.

당시까지 페르마가 남겨놓은 낙서 형태의 수학적 이론들은 대부분 맞는 내용이 많았기 때문에 사람들은 책의 여백이 좀더 있었다면 증명법을 적었을 것이라고 생각했다. 그러나 이 문제는 보기와 달리 매우 어려운 문제로 오랜 세월 동안 수학자들의 중요한 과제로 남았었다.

지금은 여백이 충분히 있었어도 페르마가 완전한 증명을 했을 것이라고 믿는 사람은 거의 없다. 아마 페르마가 유추적 직관으로 마지막 정리를 확신하였으며 그 증명은 큰 문제가 아니라고 생각하여 여백을 핑계 삼아 증명을 회피했을 거라고 추측하고 있다.

페르마 정리는 18세기 오일러가 $n = 3$인 경우를 증명하기도 했으나 오랫동안 수많은 수학자들을 괴롭혀왔다. 약 350년 동안 수많은 수학자들은 이 페르마의 정리를 증명하기 위해 온갖 노력을 기울였으나 결국 실패로 돌아갔었다. 그러나 수학자들의 노력은 결코 헛되다고 할 수 없으며 그 증명 과정에서 수학사상 중요한 발견이 이루어졌다.

컴퓨터를 이용한 결과 n이 1,000,000인 경우까지 계산해도 자연수 해는 존재하지 않는 것으로 확인되기도 했다. 이 문제의 증명은 불과 몇 년 전 20세기 후반 와일즈에 의해 이루어졌으며 와일즈는 무려 백 페이지에 달하는 논문에서 그 증명을 했다고 한다.

이 페르마 정리는 와일즈에 의해 증명되었으나 그렇다고 와일즈 정리가 되는 것은 아니다. 왜냐하면 수학, 과학에서는 예측한 사람이 증명한 사람보다 훨씬 높게 평가되기 때문이다. 주기율표를 발견한 멘델레예프는 당시 알려지지 않았던 몇몇 원소들의 질량, 성질 등을 예측했었다. 이후 원소가 여러 사람들에 의해 발견되었으나 원소를 예측한 멘델레예프가 훨씬 높게 평가 받아서 노벨상을 탔다. 아인슈타인의 이론 중 빛이 중력에 의해 휜다는 가설을 개기일식 때 천문학자들이 관측을 통해 입증했지만 사람들은 당연히 아인슈타인을 높게 평가한다.

나는 십수 년 동안 일선에서 중·고등학생들에게 수학을 지도하면서 우리 학생들의 유추적 직관, 통찰력에 감동한 적이 한두 번이 아니다. 그런 어린 학생들의 재능을 제대로 키워주지도 못하면서 어려운 개념과 지루하고 흥미 없는 추상적 논리로 통찰력과 창조적 사고력을 짓밟아 버리는 예가 너무나 많다.

앞에서 말한 혜진이도 잘못된 수학교육과 공부법에 희생된 수

▶ **수학은 때때로 그분을 기다린다!!**

많은 예 중의 하나에 불과하다. 실제로 수학 잘한다고 소문난 학생도 좀더 창의적이고 이미지적 사고력 위주의 오른쪽 뇌 교육법을 도입하면 훨씬 더 뛰어난 학생이 될 수 있다. 즉 천재가 될 수 있는 아이들을 평범한 수재로 교육시키는 과오가 지금도 계속해서 행해지고 있다.

PART 3

실전!
나만의 특별한
수학공부

이미지 수학이란 무엇인가?

·········

이미지 수학 문제

　이미지 수학이란 이미지를 연상할 수 있는 수학을 뜻한다. 이미지 연산 능력에 따라 기초와 고등학교 이미지 수학으로 나눌 수 있다. 기초 이미지 수학이란 그림 또는 숫자 배열 등을 통해 문제를 해결하는 수학이다. 이것은 주로 직관적이고 창의적 사고로 풀어내는 수학으로 초보적인 개념이나 논리를 사용하기도 한다.

　이러한 기초 이미지 수학을 통해서 학생들은 좀더 어려운 개념이나 논리까지 이미지화할 수 있다. 고등학교 이미지 수학이란 창의적 아이디어뿐만 아니라 어려운 개념이나 연역적 논리까지 사고의 도구로 사용하여 조금 더 난해한 문제들을 풀어내는 수학이라고 볼 수 있다. 즉 수학 자체가 이미지라고 할 수 있다.

이미지 수학은 평면도형, 공간도형, 수리 추리력, 언어 추리력 등으로 분류될 수 있다. 여기서 특히 평면도형은 중학교에서 연역적 개념이 도입되면서 좀더 논리적 사고로 발전하게 된다.

중학교 도형은 창의적이고 직관적인 사고력만 향상시키는 것이 아니라 연역적 논리 체계를 도입하면서 추상적인 개념에 대한 적응력을 키운다. 이것은 이후 고등학교 이미지 수학을 위한 중요한 디딤돌이 된다.

즉 중학교 도형은 기초 이미지 문제를 넘어서 개념과 논리가 도입되는 고등학교 이미지 수학에 들어가는 첫 단추라 할 수 있으며 이것을 통해 수준 높은 수학의 세계로 빠져든다. 중학교 도형은 고등학교 과정인 도형의 방정식으로 개념이 확대되고 이것으로부터 함수, 미분, 적분으로 사고가 고도로 성숙해진다.

수리력은 수열을 거쳐 이산수학으로 사고가 확대되며 언어 추리력은 실생활 응용 문제로 사고력이 발전되어 간다.

이와 같이 기초 이미지 수학은 고등학교 수학의 창의적 기초체력으로 매우 중요하다고 할 수 있다.

다음은 분야별 이미지 수학 문제의 대표적인 문제들을 실어 보았다. 여기서 학생이 고등학교 중위권 이상이라 가정하고 예를 들다 보니, 난이도 높은 문제도 꽤 많이 포함되어 있다. 기초가 부족

한 학생들에게는 이런 문제가 부담스러울 수 있다. 그러나 여기에
수록된 문제들은 몇몇 예에 불과하다. 자기의 수준에 맞는 기초 이
미지 문제를 선택하여 풀면 된다. 즉 기초가 부족한 학생들은 조금
쉬운 것부터 풀고 기초가 충분한 학생은 난이도가 있는 문제를 풀
어야 성취감이 느껴지고 창의적 사고력도 더 향상된다.

이미지 수학 문제

＊ I. 평면 및 공간 도형

1. 다음 차례에 올 그림을 그려라.

2. 아래 그림은 12개의 정삼각형을 늘어놓은 것인데, 이 중에 평행사변형은 몇 개 있는가?

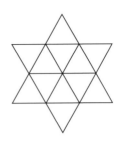

3. 모든 가로선은 각기 평행하고, 모든 세로선은 같은 폭으로 평행하며, 모든 각이 직각이라면 전체 넓이는 검은 부분의 넓이의 몇 배일까?

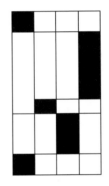

4. 직선 세 개로 그림과 같은 튜브 모양의 도형을 나눌 때 가장 많은 조각으로 나눌 수 있는 방법은 무엇일까?

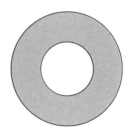

5. 그림에 나타나 있는 정사각형들에 둘
   러싸여있는 삼각형의 넓이를 구하라
   (색칠된 부분).

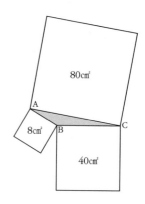

6. A, B, C, D 네 개의 도시가 그림과 같이 한 변의 길이가 100km 정
   사각형의 모서리에 위치하고 있다. 이 네 도시를 잇는 도로를 가장
   짧게 만들려고 아래와 같은 설계도가 나왔다. 그런데 이것보다 더
   짧게 만들 수는 없을까? 그 길이는(단, 소수점 이하는 버린다)?

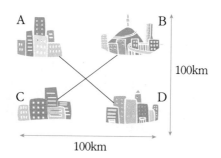

7. 아래 그림의 입체는 한 모서리의 길이
   가 3cm인 정육면체를 쌓아올려 만든
   것이다. 이 입체의 겉넓이는?

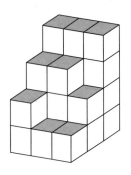

8. 아래 그림은 어떤 지붕을 곧바로 내려다 본 것이다. 이 지붕의 4개
   의 면은 모두 수평면에 대하여 $\frac{3}{4}$의 기울기를 하고 있다. AB의 길
   이는 20cm, BC의 길이가 10cm일 때 이 지붕의 넓이는?

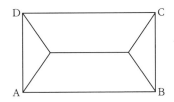

9. 〈그림1〉과 같이 도넛 모양으로 한 가운데가 반지름 2cm로 뚫려 있는 원기둥 모양의 아이스크림이 있다. 칼로 수직으로 잘랐을 때의 단면도는 〈그림2〉와 같으며, 색칠된 부분은 초콜릿, 그 이외의 부분은 바닐라이다. 바닐라 부분의 부피는?

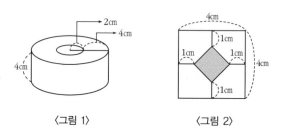

〈그림 1〉 　　　　　〈그림 2〉

10. 스티로폼의 가장 넓은 면에 직선을 그어 둘로 나눌 때, 원래의 것과 똑같은 비율의 스티로폼 두 개가 생기는 직육면체 스티로폼이 있다. 스티로폼의 가장 짧은 모서리가 10cm일 때 나머지 모서리들의 길이는 얼마일까?

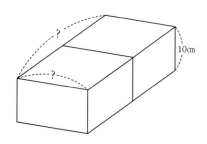

1. 아래 빈칸을 채우시오.

3	4	5	6	7	8	9	10
		52	63	94	46		

2. 다음 숫자는 어떤 일정한 규칙에 따라서 배열되어 있다. (A)에 알맞은 수는?

$$9,\ 5,\ 4\frac{1}{5},\ 3\frac{6}{7},\ (A),\ 3\frac{6}{11}$$

① 3   ② $4\frac{1}{5}$ ③ $3\frac{2}{3}$ ④ $3\frac{7}{12}$ ⑤ $3\frac{7}{9}$

3. 자연수를 일정한 규칙에 따라서 5×5의 모눈에 넣은 것이 다음 그림이다. X칸에 들어갈 수는?

			22	21
10			13	
		7	14	
2				
1	4			X

4. 아래 표와 같은 방식으로 써 나갈 때 20번째로 나타나는 식은?

$$1 = 1$$
$$3 + 5 = 8$$
$$7 + 9 + 11 = 27$$
$$13 + 15 + 17 + 19 = 64$$

① $365 + \cdots\cdots + 399 = 8000$ ② $381 + \cdots\cdots + 419 = 8000$

③ $391 + \cdots\cdots + 427 = 8464$ ④ $397 + \cdots\cdots + 431 = 8000$

⑤ $401 + \cdots\cdots + 441 = 9000$

5. 1에서 9까지의 숫자를 한 번씩만 사용하여 만들 수 있는 9자리 수는 모두 362880가지이다. 이 숫자들 중에 소수는 모두 몇 개일까?

6. 2와 5와 9가 다음과 같이 83개 늘어서 있다.

2, 5, 2, 2, 9, 2, 5, 2, 2, 9, 2, 5, 2, 2, 9, ·········

이 83개 중 2는 몇 개인가?

① 45개   ② 50개   ③ 55개   ④ 60개   ⑤ 65개

7. 고대 바빌로니아의 기록에는 다음과 같은 재미있는 표가 실려 있
   다고 한다.

$1 \times 1 = 1$	$4 \times 4 = 16$	$7 \times 7 = 49$
$2 \times 2 = 4$	$5 \times 5 = 25$	$8 \times 8 = 1.4$
$3 \times 3 = 9$	$6 \times 6 = 36$	$9 \times 9 = 1.21$

   이것에 따르면 15×15는 얼마가 되는가?

8. 곱셈 $734 \times 38 = 27892$에 대응하여 〈표1〉이 얻어진다고 한다. 그러
   면 〈표2〉에 대응하는 곱셈의 답은?

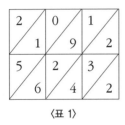

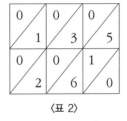

〈표 1〉　　　　　　　〈표 2〉

1. A~E 5명이 반드시 누군가 한 사람에게 선물을 주고, 누군가 한 사람으로부터는 받도록 하여 서로 선물을 교환했다. A는 E에게 주고 D로부터 받았으며, B는 C에게 주고 E로부터 받았다. C는 누구에게 주었는가?

2. A~C 3명에 관하여 다음 사실이 알려져 있을 때 C의 출생지, 현거주지는?

> (가) A, B, C는 각각 출생지가 서울, 부산, 광주 중 어느 한 도시이다.
> (나) 3명은 각각 출생지를 떠나 서울, 부산, 광주 중 어느 한 곳에 있는데, 같은 도시에 2명이 있는 경우는 없다.
> (다) B의 출생지에 C가 살고 있다.
> (라) A는 서울에 산 적이 없다.
> (마) B는 부산에 산 적이 없다.

3. 방의 배치가 그림과 같은 집이 있다. 한 사람이 문을 지날 때마다 쾅하는 소리가 난다. A방에서 파티를 열려고 모두 모였는데 좁아서 D방으로 옮기기로 했다. 참석자는 제각

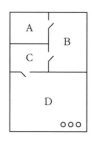

기 옮기기 시작하여 방문이 내는 14회째 소리가 들렸을 때는 D방에는 3명만이 옮겨와 있었다. 1회의 소리로 1명밖에 지나갈 수 없으며, 처음 방으로 되돌아가는 일도 없었다고 하면 바른 결론은?

① 참석자는 전부 14명이었다.

② B방에는 아직도 6명 이상이 남아있다.

③ C방에 2명 있다고 하면 A방에는 5명 이상 있다.

④ B와 C방에 있는 사람 수의 합은 6명이다.

⑤ B, C, D 방에 있는 사람 수의 합은 8명 이하이다.

4. A, B, C 세 명의 어린이가 있다. A는 B보다 5살 적고, C는 B의 나이 2배보다 2살이 적다. 다음 중 이 세 어린이의 나이 관계에서 정확하게 유추할 수 있는 것은(단, 세 명의 어린이의 나이는 모두 1살 이상이라고 한다)?

① C의 나이는 10살 미만일 수가 없다.

② C의 나이는 18세 이상이다.

③ A는 성년이 되어 있을 것이다.

④ A, B, C 세 명 모두 초등학생이다.

⑤ C는 B의 형으로 유치원에 다니고 있다.

5. 방학 동안에 여러 나라를 여행하던 수진이가 친구들에게 편지를 부치려고 우표를 샀다. 14루피, 13루피, 12루피, 10루피, 9루피, 3루피짜리 우표를 각각 1장씩 샀는데, 편지와 엽서를 각각 1통씩 부치면서 그 중에서 5장을 썼다. 편지 1통을 부치는데 엽서 1통을 부치는 우편 요금의 2배가 들었다면 남아 있는 1장의 우표는 얼마짜리이겠는가?

(참고, 루피는 인도, 스리랑카 등에서 쓰이는 화폐 단위이다)

1. 가장 바깥 도형이 제일 안으로 들어가고 다시 반복된다.

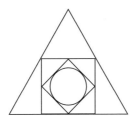

2. 평행사변형이므로 마름모도 물론 포함된다. 우선, 정삼각형 2개로 이루어지는 평행사변형은 12개 있다. 그리고 정삼각형 4개로 이루어지는 것은 12개 있고, 가장 큰 것(정삼각형 8개로 이루어진 것)은 3개 있다. 따라서 모두 12+12+3=27(개)이다.

3. 검은 부분을 전부 우측으로 옮긴다. 4배

4. 그림처럼 아홉 개의 조각으로 나눌 수 있다.

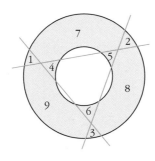

5. 정사각형의 면적 80, 8, 40㎠는 각각 $80 = 4^2 + 8^2$, $8 = 2^2 + 2^2$, $40 = 2^2 + 6^2$ 이 된다. 여기에서 그림과 같이 나타낼 수 있을 것이다.

∴△ABC의 면적은, $\frac{1}{2}(2 \times 2) + \frac{1}{2}(2 \times 2) = 4(㎠)$

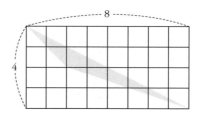

6. $(\frac{2}{\sqrt{3}} \times 50) \times 4 + (100 - \frac{1}{\sqrt{3}} \times 50 \times 2) ≒ 273(km)$

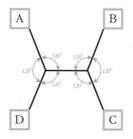

7. 입체 전체를 전후, 좌우, 상하의 여섯 방향에서 보면, 각각 12, 9, 9씩 면이 있다. 따라서 $9 \times (12 + 9 + 9) \times 2 = 540(㎠)$

8. 지붕의 빗면의 기울기가 모두 $\dfrac{3}{4}$이므로, 색칠한 부분 위의 선분과 그 수평면에의 정사영과의 길이의 비는 언제나 5 : 4 가 된다. 따라서, 구하는 넓이는 그 t평면에의 정사영인 직사각형 ABCD의 넓이의 $\dfrac{5}{4}$배가 된다. 250㎠

9. 아이스크림의 부피는

$$6^2\pi \times 4 - 2^2\pi \times 4 = 128\pi$$

초콜릿 부분은

$$h : 4 = (h+1) : 5 \quad \therefore h = 4$$

$$k : 3 = (k+1) : 4 \quad \therefore k = 3$$

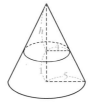 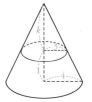

$$V = 2 \times \left\{ \dfrac{1}{3} \times (5^2\pi \times 5 - 4^2\pi \times 4) \right.$$

$$\left. - \dfrac{1}{3} \times (4^2\pi \times 4 - 3^2\pi \times 3) \right\}$$

$$= 2 \times \dfrac{1}{3} \times (125\pi - 128\pi + 27\pi)$$

$$= 16\pi$$

따라서 바닐라 부분은 $128\pi - 16\pi = 112\pi \, (cm^3)$

10. 문제의 조건을 만족시키는 스티로폼의 치수는 다음과 같다(오차

0.1cm).

15.9cm×12.6cm×10.0cm

스티로폼의 각 모서리의 길이가 각각 a, b, c 이고 $a>b>c$ 라고 하자. 그러면 스티로폼을 둘로 나누었을 때, 잘라진 스티로폼에서 원래 스티로폼의 모서리 a에 해당하는 모서리는 b가 된다.

그리고 잘라진 벽돌의 가장 짧은 모서리의 길이는 $\dfrac{a}{2}$이다.

따라서

$$a : b : c = b : c : \dfrac{a}{2}$$

$$\dfrac{a}{b} = \dfrac{b}{c} = \dfrac{2c}{a}$$

이것으로부터 $ac=b^2$ 이고 $ab=2c^2$ 이 된다.

이 두 방정식에서 a를 소거하면 $b^3=2c^3$

따라서

$$\dfrac{b}{c} = \sqrt[3]{2} = \dfrac{a}{b}$$

그러므로

$$a : b : c = 2^{\frac{2}{3}} : 2^{\frac{1}{3}} : 1$$

이로부터 우리는 원래 스티로폼과 잘라진 스티로폼들의 모든 사각형면들은 모서리의 비율이 $2^{\frac{1}{3}}$: 1, 약 1.26 : 1로 같은 모양이라는 것을 알 수 있다. 잘라진 스티로폼들이 원래 스티로폼과 같은 모양이므로, 그것들도 계속해서 똑같은 모양으로 잘라질 수 있다.

1. 각 수의 제곱수를 뒤집어 놓은 것이다.

3	4	5	6	7	8	9	10
9	61	52	63	94	46	18	001

2. 모두 가분수로 고쳐서 분자, 분모 각각에 주목한다.

$$\frac{9}{1}, \ \frac{15}{3}, \ \frac{21}{5}, \ \frac{27}{7}, \ (\frac{33}{9}), \ \frac{39}{11}$$

에서 $\frac{33}{9} = 3\frac{2}{3}$ (③번)

3. 표의 빈 칸을 모두 채워 나가 본다.

25	24	23	22	21
10	11	12	13	20
9	8	7	14	19
2	3	6	15	18
1	4	5	16	17

4. 각 식은 다음과 같이 바꿔 쓸 수 있다.

$$(1 + 0 \times 1) = 1^3$$

$$(1 + 1 \times 2) \quad + \quad (3 + 1 \times 2) = 2^3$$

$$(1 + 2 \times 3) + \cdots + (5 + 2 \times 3) = 3^3$$

$$(1 + 3 \times 4) + \cdots + (7 + 3 \times 4) = 4^3$$

$$(1 + 19 \times 20) + \cdots + (39 + 19 \times 20) = 20^3$$

5. 소수는 한 개도 없다.

각 자리 숫자의 합이 이고 1+2+3+……+9=45이고, 45는 3으로 나누어 떨어지기 때문에 이런 종류들의 숫자들은 항상 3을 인수로 갖는다. 따라서 어떤 수도 소수가 될 수 없다.

6. (2, 5, 2, 2, 9)가 한 덩어리이며, 이 덩어리가 반복되어 있다. 그러므로 (80÷5)×3=48. 나머지는 3개 (2, 5, 2)이므로 48+2=50

7. 8×8=64이므로 1.4(1과 4)라는 답의 1은 60으로 생각해야 한다. 즉 10진법과 60진법을 병용한 표기이다.

따라서 15×15=(225)=(60×3+45)=3.45

8. A→4×8=32, B→3×8=24, C→7×8=56,

　　 D→4×3=12, E→3×3=9, F→7×3=21

　　 과 같이 대응하고 있다.

　　 〈표2〉에 대해서는 135×12=1620

F	E	D
C	B	A

1. 다음과 같은 관계를 문제의 조건에서 분명히 알 수 있다.

　　 따라서 C→D 의 교환만이 가능하다.

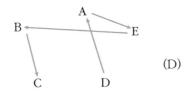

(D)

2. 조건을 표로 만들면 다음과 같다.

	출생지 혹은 현거주지		
	서울	부산	광주
A	×	○	○
B	○	×	○
C	○	○	×

그런데 조건 (다)에서 B의 출생지와 C의 현거주지는 일치하므로 C는 부산에서 출생하여 서울에 살고 있음을 알 수 있다.

3. D방으로 옮겨 가기까지 1명이 3회의 소리를 내므로 D방의 3명은 9회의 소리를 낸 셈이다. 따라서 나머지 5회의 소리는 D이외의 방에 있는 사람이 낸 소리이다. (⑤번)

4.

A=1세일 때 B=6, C=10

A=2세일 때 B=7, C=12

```
   A   5   B      C   2   B
 ├───┼───────┼───────┼───────┤
```

A=3세일 때 B=8, C=14

가 된다. 여기서 C≧10   (①번)

5. 편지와 엽서의 우편 요금의 비율이 2 : 1이므로 전체 우편 요금은 3의 배수가 되어야 한다. 각 t의 합이 3의 배수가 되려면, 각 수가 3의 배수이거나 그 나머지의 합이 3의 배수가 되면 된다. 각 우표의 값을 3으로 나누어 그 나머지를 생각해보자.

14 … 2   13 … 1   12 … 0

$$10 \cdots 1 \qquad\qquad 9 \cdots 0 \qquad\qquad 3 \cdots 0$$

나머지의 합을 생각해볼 때, 3의 배수의 합으로 짝을 짓고 남는 하나는 13 또는 10이다. 13루피가 남았을 때, 엽서의 우편 요금은 16루피. 10루피가 남았을 때, 엽서의 우편요금은 17루피. 그런데 각 우표의 값에서 엽서의 우편 요금이 16루피가 되는 경우는 없으므로 10루피의 우표가 남게 된다.

13

수학공부 이렇게 해라

· ·

학년별 수학공부 방법

어느 영화에서 댐을 폭파하는 장면이 있었다. 소양강 댐과 같이 큰 댐은 공중에서 아무리 폭탄을 퍼부어도 댐 상부에만 훼손이 생길 뿐 전체가 파괴되지는 않는다. 그러나 댐의 아래 취약부분을 집중적으로 폭파시키면 약간의 균열이 발생하고 높은 수압에 의해 서서히 균열이 커지면서 댐은 붕괴된다. 즉 댐의 폭파에는 중요한 포인트가 있다.

컴퓨터 게임의 고수가 모든 게임에 통달하는 것은 아니다. 자신이 좋아하는 한 게임에 몰입하면서 고수가 된다. 스타크래프트의 고수는 다른 게임도 쉽게 정복할 수 있다. 즉 한 게임에 통달하면 다른 모든 게임에도 통달할 수 있게 된다. 태권도같이 한 가지 무술에 고수가 되면 쿵푸, 가라데 등 다른 무술도 쉽게 정복할 수 있다.

개들의 싸움인 투견대회를 보라. 상대방의 급소를 물면 끝까지 놓지 않는 개가 결국 이기게 된다.

그럼 수학에서 포인트는 무엇일까?

아무 분야나 먼저 시작하여 물고 흔들면 될까?

물론 그렇지는 않다. 댐의 폭파에 포인트가 있듯이 수학에도 포인트가 있다. 그것은 학생이 제일 좋아하고 자신 있어 하는 분야이다. 다행스럽게도 대부분 학생들이 좋아하는 포인트는 거의 일치한다. 그것은 그림, 이미지에 관련된 분야이다.

▶ 공격의 핵심포인트를 찾아라.

앞서 설명한 바 있는 기초 이미지 수학이다. 거의 대부분 학생들은 이런 문제를 재미있어하고 신기해한다. 이런 이미지 문제를 통하여 학생은 직관적 창의력이 눈에 띄게 향상된다. 사고력도 깊어지고 혼자서 생각하다보니 집중력도 강화된다. 스스로 어떤 분야를 특히 좋아하는지 살펴보라. 대부분 평면 도형에 관련된 문제를 좋아하고 수의 추리력도 흥미 있어 한다. 어떤 경우는 퀴즈 형태의 언어 추리 문제를 선호하는 학생도 있다.

좋아하는 분야 위주로 좀더 심층적이고 난해한 문제에 도전해 본다. 이때 더욱 성취감을 느끼고 새로운 지적 욕구를 갈망하게 된다. 기초 이미지 수학만으로 교과수학의 고수가 될 수는 없다. 그러나 고등학교 이미지 수학을 위한 기초 체력으로 무척 중요하다. 이 기초 체력을 통해서 더 큰 지식 욕구를 느끼고 다음 포인트로 자연스럽게 넘어갈 수 있을 것이다.

포인트 2

중학교 도형이다. 이것은 합동, 닮은 꼴, 피타고라스 정리, 원의 성질 등으로 이루어져 있다. 〈포인트 1〉을 좀더 논리적으로 체계화시키고 있는 분야이다. 중학교 도형을 좋아하는 학생은 꽤 많다. 싫지도 좋지도 않은 학생도 제법 있지만 싫어한다는 학생은 많지 않다. 즉 중학교 도형에 대해서는 학생들이 상당히 우호적이다. 만약 중학교 도형을 싫어한다면 그 원인을 잘 살펴보아야 한다. 아마 너무 강요하여 이 분야를 타율적으로 접한 경우도 있을 것이고, 특이한 사건으로 도형을 싫어하게 되었을 수도 있다. 예를 들어 지루한 산술 계산이 싫어서 수학은 물론 도형까지 싫어하는 경우도 있다. 다른 예로, 어떤 학생이 "선생님 왜 모르는 숫자를 x라고 해요?"라고 질문했다가 선생님이 "넌 도대체 쓸데없는 소리나 하고……"라고 혼내시는 바람에 수학이 싫고 도형도 보기 싫어졌다는 경우도 있다.

이렇게 도형을 거부하는 학생들은 〈포인트 1〉에서 기초 이미지 문제를 풀어보라. 대부분 재미있어하고 중학교 도형도 자연스럽게 흥미 있어한다. 중학교 도형은 직관적 사고력을 체계화하는데 무척 중요하다. 다음의 예를 보자.

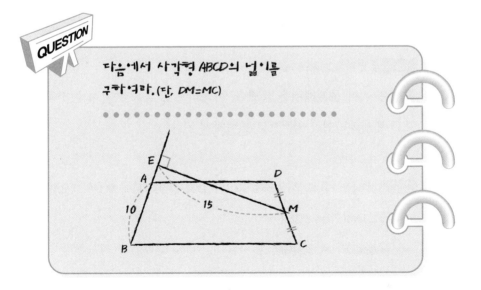

QUESTION

다음에서 사각형 ABCD의 넓이를 구하여라. (단, DM=MC)

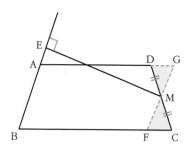

직관적 창의력

위의 문제를 풀기 위해 먼저 다양
한 보조선을 생각한다. 시행착오
의 결과 그림과 같은 보조선을 발
견하게 된다.

유추와 분석력

△DGM과 △MFC의 넓이가 같으면 사각형 ABCD와 평행사변형
ABFG의 넓이가 같게 되고 이제 문제는 거의 풀린 상태가 된다.

개념의 활용

△DGM의 넓이 = △MFC 를 설명하기 위해 학생은 삼각형의 합동
이라는 개념을 사용한다.

연역적 논리로 체계화

학생은 이미 문제해결을 끝냈다. 마지막으로 다음과 같이 논리적
으로 체계화하여 연역적으로 표현하게 된다.

풀이 점 M을 지나면서 AB와 길이가 같고 평행하도록 FG를 그으면

$$\angle DMG = \angle CMF$$

$$\angle MDG = \angle MCF$$

DM = CM

$\therefore \triangle DMG \equiv \triangle CMF$

$\therefore \square ABCD = \square ABFG = AB \times EM = 10 \times 15 = 150$

위의 풀이에서 (Step 1)과 (Step 2)는 기초 이미지 수학에서 학습하는 직관과 창의적 사고력이 적용되는 부분이다. 그러나 이것만으로는 수학의 전부를 파악할 수는 없다. (Step 3)과 (Step 4)에서는 직관적 사고력을 체계화하게 된다. 즉 연역적 논리를 사용하게 된다. 중학교 도형은 〈포인트 1〉에서 적용되는 직관적 사고력들을 체계화하여 수학적 개념과 논리에 점차 적응하게 되는 중요한 포인트이다. 이것을 통해서 학생들은 개념을 문제 속에서 수정, 보완, 체계화하고 또 추상적 논리를 상상 가능한 이미지 논리로 소화하게 된다. 만약 (Step 1)과 (Step 2)만으로 문제해결을 끝낸다면, 수학은 퀴즈 형태가 될 뿐이다. 즉 일반적인 해결책을 찾지 못하고 각 경우에 임기응변식으로 대응하게 된다. 좀더 고차적 사고로 성숙되지 못한다. 한편 (Step 3)와 (Step 4)만을 강조하면 수학적 발견의 절차를 모르게 되고 유사 문제해결 능력이 떨어진다.

해답에는 (Step 3)과 (Step 4)만 나와 있다. 해답을 보면 이해는 되지만 직접 그렇게 풀지는 못한다. 그래서 해답을 보지 말라고 하는 것이다. 만약 선생님이 (Step 3)와 (Step 4)로만 풀게 되면 학생들은 선생님의 설명을 통해 개념과 논리는 이해할 수 있다. 그러나 유사한 다른 문제를 제대로 풀지 못하며 응용력이 떨어진다. 그래서 "선생님이 푸시면 알겠는데 왜 제가 하면 안 되죠?"라는 말이 나오는 것이다. 중학교 도형을 충분히 학습하지 못하면 고등학교 수학에서는 (Step 3)과 (Step 4)만 주로 강조하므로 응용력이 떨어지는 것은 지극히 당연하다. 만약 중학교 도형에서 난해한 심화 문제까지 해결하고 그것을 즐길 수 있다면 그 학생은 수학공부에 거의 성공한 셈이다.

포인트 3

이것은 고등학교 도형이다. 고등학생이 되면 좀더 이성적으로 사고하게 되고 필요성 때문에 인내하면서 공부할 수 있는 나이가 된다. 수 10 - 가에서는 집합, 수와 식, 방정식, 부등식 등의 분야를 배우게 된다. 성실히 노력하면 수 10 - 가는 어느 정도 이해되고 문제도 약간씩 풀린다. 문제가 풀리니 재미와 자신감도 생기게 된다.

그러나 수 10 - 나의 첫 장인 도형을 접하면 많은 학생들이 수학에 좌절한다. 점과 좌표, 직선, 원 등 도형 문제들은 넘을 수 없는 벽처럼 느껴진다. 한 문제, 한 문제의 답을 보면 이해되지만 막상 유사 문제를 풀면 또 막힌다. 풀었던 문제도 다음날 보면 또 모르는 경우가 허다하다.

고등학교 도형은 중학교 도형을 직교좌표 평면계로 옮긴 것이다. 좌표계가 도입되므로 대수식과 도형이 혼합되어 종합적 사고를 요구하게 된다. 집합, 인수분해 등의 수와 식, 방정식 부등식 등과 중학교 도형, 함수 등이 종합된 상태이다. 즉 여태까지 배운 모든 수학을 섞어놓은 듯하다. 다음의 예를 보자.

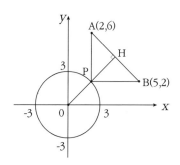

평면상의 두 점 A(2, 6), B(5, 2)가 있다. 점 P가 원 $x^2 + y^2 = 9$ 위를 움직일 때 △PAB의 넓이의 최소값을 구하라.

Step 1 직관과 분석

먼저 좌표계를 그리고 분석한다. 원점 O에서 선분 AB에 수선을 내리면 이때 △PAB 넓이의 최소가 결정된다.

Step 2 두 점을 지나는 직선의 방정식 공식 적용

직선 AB의 방정식은

$y - 6 = \dfrac{2-6}{5-2}(x-2)$이다.

정리하면 $4x + 3y = 26$

원점에서 직선까지 거리 공식 적용

$OH = \dfrac{|-26|}{\sqrt{4^2+3^2}} = \dfrac{26}{5}$ 이다.

$\therefore PH = \dfrac{26}{5} - 3 = \dfrac{11}{5}$

두 점 사이 거리 공식과 삼각형 넓이

$AB = \sqrt{(5-2)^2 + (2-6)^2} = 5$

따라서 △PAB 넓이의 최소값은 $\dfrac{1}{2} \times 5 \times \dfrac{11}{5} = \dfrac{11}{2}$

위의 예는 도형에서 비교적 간단한 문제이다. 위의 풀이에서 보면 (Step 1)에서 문제해결의 실마리를 찾는다. 이것은 중학교 도형을 어느 정도만 해도 누구나 생각할 수 있는 직관이다. (Step 2)~(Step 4)는 직교좌표계에서 흔히 사용되는 공식의 적용이며 이것을 학습하는 것은 그리 어렵지 않다.

조금 어렵고 심화된 고등학교 도형 문제들을 살펴보라. 먼저 중학교 도형에서 사용된 직관과 이미지 논리 체계로 문제의 실마리를 찾는다. 그 다음 대수, 방정식 등의 지식으로 문제풀이를 마무리하게 된다.

고등학교 도형을 잘하기 위한 핵심은 중학교 도형에 있다. 대부분의 학생들은 중학교 도형을 충분히 학습하지 못한 채 고등학교에 진학한다. 그리고 수 10 – 가에서 수와 식, 방정식 등을 배우면서 그나마 알고 있던 중학교 도형을 많이 잊어버리게 된다. 즉 학습의 연속성이 제대로 이루어지지 않고 수 10 – 가를 거쳐 바로 좌표계를 도입한 고등학교 도형을 접하게 된다. 결국 고등학교 도형은 아무리 해도 허물 수 없는 장벽이 되고 수학에 대한 자신감을 상실한다.

중학교 도형을 통해 고등학교 도형의 벽을 허물어 보라. 인수분해와 방정식 부등식도 역시 중요하다. 그러나 그것은 포인트가 될 수 없다. 중학교 도형에 정통한 학생이 인수분해 등에서 버벅거리고 방정식을 제대로 못 푸는 경우는 본 적이 없다. 물론 대수 분야에 상대적 취약점을 보일 수는 있다. 그러나 취약하다고 해서 문제를 못 풀 정도는 아니다. 이런 학생은 고등학교 도형을 풀면서 수와 식, 방정식, 함수 등에 더욱 정통하게 되고 결국 고등학교 도형을 통해 여태까지 배운 수학 전체를 체계화하고 통달하게 된다.

고등학교 도형에 빠져들면서 학생들은 저절로 논술형학습에 익숙해지고 어려운 추상 논리 체계까지 이미지화시킬 수 있다. 수학의 엄밀성까지 확보하게 되어 사고력이 비약적으로 발전하게 된다. 고등학교 도형의 난해하고 심화된 문제까지 자신 있어 한다면 그 학생은 이미 수학의 고수이다. 이런 학생은 수 I, 수 II 등을 학습할 때 새로운 개념만 익히면 저절로 응용 문제까지 해결한다. 즉 한 가지를 알면 이후 백 문제를 해결하게 된다. 난해한 미적분도 재미난 오락이 되고 수학을 즐기게 된다.

학년별 수학공부 방법

초·중학교 학생의 경우는 감성적이고 집중력이 약한 시기이다. 이 때에는 개인적 특성에 맞추어 수학에 대한 거부감을 최소화하고 흥미를 느끼게 해야 한다. 반면 고등학생의 경우는 상대적으로 좀더 이성적이고 집중력이 강화된 나이이므로 공부의 필요성과 올바른 방법을 알려주면 충분히 이해하게 된다. 즉 초·중학교 학생의 경우는 토론식 수업, 재미있는 수업, 오른쪽 뇌 개발 위주의 수업을 해야 한다. 고등학생의 경우는 전체적으로는 초·중학교 학생과 같은 오른쪽 뇌 개발 위주의 수업을 해야 하지만 속칭 말귀를 알아듣는 나이이므로 약간의 주입식, 스파르타식 수업도 가능하다.

어떤 학년의 어떤 수준의 학생이든 수학공부의 기본적 방법은 다음의 3단계로 이루어진다.

1단계	2단계	3단계
기초 이미지 문제풀이(평면, 공간, 수리추리력, 언어추리력) 직관적 추리력, 창의적 사고력 배양	중학교 도형(유클리드 기하), 간단한 대수, 기본적 함수이론 등 연역적 개념 도입으로 논리적 체계를 형성	고등학교 이미지 문제풀이, 고등학교 수학의 도형, 함수를 통해 기초 논리적 사고를 이미지화시켜 더욱 창조적인 직관으로 향상시킴 고난도 복합 문제 해결

1. [초 · 중학교 학생]

언어(외국어)학습은 언어 발달 시기가 있기 때문에 조기교육이 필요한 것으로 뇌 과학적 또는 교육학적으로 밝혀지고 있다. 그러나 수학의 경우는 그러한 보고가 거의 없다. 수학적 사고력은 언어 발달 이후에 진행되고 또 상당히 성숙했을 때까지 지속되는 것으로 알려져 있다.

필자는 경험상 초등학교 후반부터 중학교 3학년 때까지를 수학적 사고력을 향상시키기 위한 중요한 시기로 보고 있다. 이 시기에 수학적 흥미를 느끼고 스스로 공부할 수 있게 되는 학생은 거의 확실히 수학을 잘하는 학생으로 성숙하게 된다.

중학교 때 공부 잘하는 학생이 고등학교 때 성적이 떨어지는 것은 대부분 타율적으로 공부한 경우이다. 학생이 착하고 성실한 경우, 부모의 요구에 의하여 억지로 공부하다 보니 중학교 내신 성적은 좋을 수 있다. 그러나 고등학교에 가면 공부의 양이 증가하여 시켜서 될 수 있는 분량을 초과한다.

스스로 하지 않으면 갑자기 쏟아지는 새로운 문제들에 적응하기 힘들다. 물론 학생의 개성이 강하고 싫어하는 것을 하지 못하는 경우 수학에 흥미가 없으면 부모가 아무리 시켜도 안하게 된다. 그러면 당연히 중학교 때도 공부를 못하고 고등학교 때는 더 못하게 된다.

초 · 중학교 학생의 경우, 수학학습에 있어서 제일 중요한 것은 흥미이다. 재미가 있어야 한다.

　물론 수학 전체가 재미있어야 한다는 뜻은 결코 아니다. 학생이 수학을 너무 재미있어 하는 등 자연계적 자질을 보여서 훌륭한 과학 또는 수학자가 될 수도 있다. 그러나 인문사회계열에 적성이 있는 학생들까지 수학이 아주 재미있어야 한다면 너무 심한 요구이다.

　여기서 말하는 재미는 수학공부를 하기 위한 최소한의 재미이다. 필자의 경험으로 어떤 적성을 가지든 거의 모든 학생들은 수학에 최소한의 재미는 가지고 있다.

　수학공부의 성공은 나비효과(butterfly effect)로 설명될 수 있다. 아인슈타인을 복제하여 아인쉬A와 아인쉬B를 탄생시켰다고 하자. 아인쉬A와 아인쉬B가 성장하여 중학교 1학년이 되었을 때 다음과 같은 교육을 시켜보자.

아인쉬A

단계	학생의 상태	교 육
1	수학을 좋아하지도 싫어하지도 않는다. 약간의 호감은 있다.	학교 진도에 맞추어 덧셈, 뺄셈, 등호, 연산을 교육한다.
2	약간 지루하지만 그래도 큰 무리 없이 잘한다.	학교 시험에 계산이 한 개 틀려서 유사한 계산 문제를 더욱더 많이 풀게 한다.
3	수학이 점점 따분해지고 싫어지기 시작한다. 그래도 모르는 것은 아니니까 계속한다.	학교 진도에 도형 문제를 풀게 한다.
4	도형은 계산보다 훨씬 재미있다. 능동적인 공부를 한다.	도형을 잘하므로 잘 못하는 산수계산을 더 시킨다.
5	계산 숙제가 많아지니 공부가 점점 싫어진다.	도형을 아주 잘하고, 대수 부분도 잘하므로 상대적으로 약한 연산 위주로 집중 교육한다.
6	수학이 점점 싫어진다. 내신 성적은 큰 차이 없이 만점 또는 한 개 정도밖에 안 틀린다.	연산 위주로 더욱 고난도 문제를 풀게 한다.
7	공부 자체가 싫어지지만 부모의 강요로 억지로 한다. 고등학교에 진학한다.	학원과 과외를 통해 고등학교 수학을 배우게 한다. 집합, 수와 식 등 학생이 기피하는 분야를 더욱더 시킨다.
8	수학뿐 아니라 영어, 국어 등 공부 양이 많아서 지친다. 숙제도 많고 해도 잘 안 된다.	남들과 똑같이 학교 진도에 맞추어 학원을 보내거나 또는 과외를 시킨다.
9	영어, 국어 등은 싫어하고 수학도 별로이고 공부에 거의 소질이 없는 것 같아서 좌절한다. 중하위권 대학에 진학한다.	

아인쉬B

단계	학생의 상태	교 육
1	수학을 좋아하지도 싫어하지도 않는다. 약간 호감이 있다.	학교 진도에 맞추어 덧셈, 뺄셈, 등호, 연산 등을 교육한다.
2	약간 지루하지만 그래도 큰 무리 없이 잘한다.	학교 시험에 계산이 한 개 틀렸어도 계산은 충분한 것 같다. 다양한 이미지 수학의 문제를 풀게 해본다.
3	이미지 문제 중 평면 도형, 입체 도형에 관한 문제를 재미있어 한다.	도형에 대한 다양한 이미지 문제를 제공한다.
4	도형이 더욱 재미있다. 좀더 고차원적인 증명 문제에서 성취감을 느낀다.	중학교 도형 전반의 문제를 다 제공한다.
5	도형의 문제를 풀다가 피타고라스 정리 등에서 연산의 필요성을 느낀다. 스스로 인수분해 등을 하고자 한다.	학생이 필요로 하는 대수학 연산을 소개한다.
6	수와 식 등 대수식의 연산도 재미있어진다. 지식욕이 점점 커진다.	깊은 사고와 고차원의 논리적 문제를 제공한다.
7	과학에 대한 흥미가 커진다. 특히 물리 응용 문제에 관심이 커진다. 고등학교에 진학한다.	물리나 수학에 관해서 원하는 참고 서적을 제공한다.
8	고등학교에 진학하여 수학과 물리에 더욱 큰 흥미를 갖고 새로운 발견을 시도한다. 고등학교 3학년 때에는 양자역학을 넘어서 통일장 이론의 기초를 확립한다.	스스로 한다.
9	KAIST에 진학하여 물리학의 새로운 법칙을 발견하고 세계적인 과학자가 된다.	

아인쉬A와 아인쉬B는 가상의 인물이다. 그러나 대부분의 사람은 위의 과정과 결과에 동감할 것이다. 나 자신은 이러한 사실의 일부를 직접 경험했을 뿐 아니라 유사한 사례를 많이 보아왔다.

공부를 잘하고 못하고는 백지 한 장 차이라 했던가? 학생이 어떠한 환경에서 우연히 수학공부가 재미있다는 것을 알게 되면 그 학생은 우등생이 된다.

다시 말하지만 초·중학교 학생의 수학학습에서 제일 중요한 것은 '흥미'와 '재미'이다. 그러기 위해서 부모는 학생의 학교시험 결과에 너무 민감해서는 안 된다.

위의 예에서 보듯 학교 시험에서 계산 문제 한 개 틀린 것에 대해 부모가 대응하는 방식에 따라 전혀 다른 삶이 전개될 수 있다. 계산을 못하는 수학자는 많다. 그러나 창의적 사고력이 없는 사람은 수학자는커녕 어떤 사회에서도 리더가 될 수 없다.

고등학교 과정에서 수학을 잘 못하는 학생에게 초·중학교에서는 수학공부를 어떻게 했는지 꼭 물어본다.

"초·중학교 몇 년 동안 학습지를 했어요."

"계산이 지루해서 몇 번이나 도망가고 싶었어요."

"얼마나 싫었으면 연필을 부러뜨리기까지 한 적도 있어요."

"그래도 엄마가 무서워서 했어요."

이런 말을 들으면 초·중학교 부모들은 가슴이 아플 것이다. 저렇게 싫어하는데, 학교 점수 좀 올리겠다는 욕심으로 아이의 마음을 아프게 하면서까지 장래를 불투명하게 한다는 사실을 이 땅의 부모들은 알고 있는가?

학생들 스스로 도형, 언어, 수리 등 다양한 이미지 수학 문제들을 풀어보라. 그러면 분명히 재미를 느낄 수 있는 분야가 있다. 물론 표현의 미숙으로 재미있다는 소리를 안 할 수도 있다. '그저 그렇다', '싫지는 않다'는 말도 흥미 있다는 또 다른 표현일 수 있다.

싫은 공부를 억지로 할 필요는 없다. 그러나 스스로 풀다보면 특히 재미있는 분야가 있다. 만약 도형 문제를 좋아하면 그 방면의 문제를 더 많이 풀고 점점 난이도가 높은 문제에 도전해본다. 싫지 않다면 일단 성공이고 재미있으면 대성공이다. 도형뿐만 아니라 수리, 언어 추리력 문제도 같이 풀어본다. 대부분 도형을 충분히 학습하면 다른 영역의 문제도 별 거부감 없이 풀게 된다. 만약 싫으면 좋아하는 부분을 더욱 심화학습하면 된다.

학교 수업 내용은 각 학생의 특성에 맞춘 것이 아니다. 학교에서는 수와 식을 하는데 학생은 도형을 더 좋아하면 도형 부분을 더 깊게 학습하면 된다. 아직 초·중학교 학생이니까 학교의 틀에 꽉 맞춘 내신 성적에 집착할 필요는 없다. 학생의 학습 내용 순서가 학교와 다를 수 있다. 그렇다고 학생이 무리하게 학교 순서를 따라가면 어린 학생들이 낭패를 볼 수 있다. 즉, 학생은 도형에 재미를 갖고 충분히 공부하면 이후에 다른 분야에 흥미를 느끼고 그때 수와 식을 하게 된다. 그런데 학교에서 대수학, 도형 순서로 학습하니까 아이들에게 먼저 싫어하는 대수학을 억지로 시키고 결국 모두 좌절할 수 있다. 무엇보다 학생이 선호하는 것을 존중하고 재미를 잃지 않는 것이 중요하다.

학생이 난이도 높은 이미지 문제도 충분히 소화하면 이제 중학교 도형(유클리드 도형)에서 수학적 개념, 논리를 학습하면 된다. 이것은 고등학교 이미지 수학의 체계에 들어가는 첫 교육이다. 여기서 연역적 논리체계, 추상적 개념에 대한 적응력을 키우게 된다. 학생이 이 고등학교 이미지 수학의 세계에 깊이 빠져들면 대성공이다. 이제 새로운 개념만 도입되면 학생은 스스로 거의 모든 문제를 해결한다. 학생의 지식 욕구는 더 커지고 경우에 따라서는 상당히 고차원적인 수학적 사고가 형성되어 새로운 발견을 시도하게 된다. 학교 수학 성적은 물론 최고의 경지에 도달한다.

2. [고등학생]

고등학생은 초·중학생에 비해 집중력이 증가하고 좀더 이성적인 나이이다. 즉, 초등학생은 재미가 없으면 공부를 안 하지만, 고등학생의 경우 자신의 장래를 위해 필요하면 재미가 없어도 자신의 감정을 누르고 공부할 수 있다. 물론 개인마다 정도의 차이가 있을 수는 있다. 중학교 때 공부를 제대로 안하고 고등학교에 와서 새롭게 시작하는 학생은 다음과 같은 단계를 거치는 경우가 많다.

(1) 수학이 어렵고 싫다.
(2) 대학은 가야 되고 장래를 위해서 수학공부를 해야 한다.
(3) 억지로 공부한다. 시험 때는 벼락공부한다.

(4) 공부한 내용을 빨리 잊어버린다.

(5) 이미지 문제를 풀면서 흥미를 가져본다.

(6) 어려워도 계속 한다.

(7) 약간씩 풀리니 조금씩 재미가 생긴다.

(8) 특히 좋아하는 분야가 생기기 시작한다.

(9) 난이도 높은 이미지 문제를 풀면서 사고력을 향상시킨다.

(10) 어려운 도형과 함수 문제에 도전한다.

(11) 도형과 함수가 조금씩 풀리면서 재미가 있다.

(12) 수학이 편해지고 문제 푸는 것이 전반적으로 재미있다.

(13) 그래도 아직 모르는 분야가 많다.

(14) 개념을 서서히 정리하면서 고등학교 2, 3학년 과정의 분야를 차근차근 소화한다.

(15) 고득점을 받아 명문대에 진학한다.

위에서 보다시피, 고등학생은 필요성 때문에 억지로 공부하는 경우가 많다. 그러면 문제도 약간씩 풀리고 점점 재미가 있어진다. 그런데 수학공부 방법이 올바르지 않으면, 해도 되지 않기 때문에 좌절하게 되고 결국 실패한다. 여기서 고등학생의 경우 수학을 잘하기 위해서는 다음의 세 가지를 꼭 명심하여 실천해야 한다.

- 스스로 한다.
- 올바른 방법으로 한다.
- 끈기 있게 계속한다.

⊙ 스스로 한다

학교에서 선생님의 풀이를 듣고 이해를 하지만 스스로 풀지 않는 학생이 꽤 많다. 이런 학생의 대표적인 변명은 "선생님이 풀면 이해되는데 왜 혼자 풀면 안돼요?" 이다. 예습이든 복습이든 스스로 직접 풀어보아야 한다.

⊙ 올바른 방법으로 한다

공부 방법은 학년마다 다르고 학생들 개인의 상황과, 개성에 따라 다를 수 있다. 이 책을 읽어보면 자신에 맞는 올바른 방법을 알 수 있다.

몇 가지 경우에 대해서는 이 글 다음에 설명해두었으니 참고하기 바란다.

① 처음에는 시간적 여유를 가지고 일단 시작한다.
② 자신있는 분야를 집중적으로 공부한다.
③ 예를 들어 방정식에 자신이 있으면 그 분야에 통달하도록 한다.
④ 방정식에 관하여 자신감이 생겨도 다른 부분을 몰라서 못 푸는 문제가 발생한다.
⑤ 그때 다른 분야에 또 도전해본다.
⑥ 다양한 이미지 문제를 풀면서 사고력을 높이고 자신의 개성을 파악해본다.

⑦ 될 수 있는 한 도형과 함수를 꼭 정복하도록 한다.

⑧ 도형과 함수에 자신감을 가질 수 있으면 수Ⅰ, 수Ⅱ, 선택과목은 쉽게 정복 된다.

ⓒ 끈기 있게 계속 한다

어떤 학생은 1개월 정도 수학공부를 하고, "선생님, 저는 왜 해도 안 되죠?"라고 한다. 난 그때 "남들은 중학교 때부터 몇 년을 공부했는데 넌 이제 시작한지 얼마나 됐다고 결과에 대하여 투덜거리니?"라고 반문한다.

만약 고등학교 수학을 1~2개월 공부해서 수학의 고수가 된다면 사회정의에도 맞지 않는다. 그렇게 성적이 빨리 오르면 어느 누가 초·중학교 때 공부를 하겠는가? 초·중학교 때 열심히 한 학생은 바보인가? 자신이 생길 때까지 끈기 있게 계속해야 한다. 왜냐하면 입시를 앞둔 고등학생이니까.

[고1] 수학 실력이 중하위, 수학에 흥미가 없음

시험 때문에 억지로 하지만 자신이 거의 없음

고1이기 때문에 아직 여유가 있으므로 성급할 필요는 없다. 먼저 학생은 수학의 필요성을 충분히 인식하고 공감해야 한다.

기초 이미지 문제를 풀어 보고 어떤 영역이 재미있는지 파악한다. 개인마다 다르지만, 대부분의 학생들은 평면도형을 좋아한다.

만약 학생이 평면도형을 좋아하면 다양한 문제를 충분히 풀면서 수학에 흥미도를 높인다.

더욱 어려운 문제를 풀면서 성취감을 높인다.

학생은 더욱 난해한 문제에 빠져들고 자신도 모르게 깊은 사고를 즐기게 된다. 부담되지 않는 상황에서 중학교 도형(유클리드 기하)을 풀어본다. 쉽고 편한 것부터 시작한다. 정의, 가정을 통한 연역적 논리를 조금씩 습득하고 자기 것으로 소화한다. 즉 논리를 이미지화한다.

대부분 학생들은 부담 없이 문제를 해결하고 기초 이미지 수학 문제에서 얻은 자신감과 직관력으로 빠르게 중학교 도형에 적응한다. 점점 어려운 문제에 도전한다. 중학교 도형에 심취하게 되면 90퍼센트는 성공한 셈이다.

학생은 자연스럽게 기본적인 대수 즉 인수분해 등과 기초적인 함수를 공부한다. 그런 다음 고등학교 대수(인수분해, 수와 식 등), 도형, 함수를 아주 기본적이고 기초적인 것으로 학습한다. 이때 특히 좋아하는 부분을 집중하여 심도 있게 공부한다. 만약 도형을 좋아하면 그것을 계속하여 심화학습하도록 한다. 도형을 풀다가 대수적 능력이 모자라다는 것을 알면 스스로 대수를 공부하게 될 것이다. 스스로 공부하게 되면 이제 수학을 잘하게 되고 고수의 길에 들어설 수 있다.

이런 학생들은 학교 시험을 위해 그때그때 수학공부를 하는 스타일로, 수학을 일종의 암기 과목처럼 공부하게 된다. 이렇게 되면 고등학교 2, 3학년으로 학년이 올라갈수록 더욱더 사태는 악화되고 수학에 대한 자신감은 상실되어 결국 좌절하게 된다. 고3이 되면 아무리 공부해도 응용력이 향상되지 않고 수능모의고사에서 특히 수리영역 성적이 오르지 않게 된다. 그 이유는 스스로 생각하는 사고력이 마비되고 이 책에서 서술한 수학을 못하는 여러 가지 상황이 나타나기 때문이다. 이 학생은 먼저 수학에서 직관적 창의성이 매우 중요하다는 것을 충분히 알고 공감해야 한다.

기초 이미지 문제를 다양하게 풀어 본다. 사고력이 어느 정도인지 파악하고 수준에 맞는 문제들을 큰 부담 없이 매일 적절한 양을 풀도록 한다. 지속적이고 꾸준하게 최고 난이도의 기초 이미지 문제들을 풀 수 있도록 한다. 고등학교 과정 중에서 대수, 도형, 함수를 수준에 맞게 선택하여 풀어 본 다음 어떤 분야가 특히 좋은지 스스로 파악한다.

우선 좋아하는 분야부터 아주 철저하고 깊이 풀어 본다. 만약 대수학을 좋아하면 최고 난이도까지 심화학습을 한다. 만약 문제가 너무 어려워서 부담되면 도형, 또는 함수 분야로 심화학습을 진행한다.

수학을 진정 잘하는 고수는 도형, 함수의 고난이도 문제들을 좋아한다는 것을 학생은 지속적으로 상기하고 특히 도형 문제에서 최고 난이도 문제에 도전하여 정복하도록 한다.

고등학교 2, 3학년 과정의 수Ⅰ, 수Ⅱ 등을 군이 선행학습할 필요는 없다. 고1 과정의 도형, 함수, 삼각함수 등에서 고난이도 문제를 소화하는 데에도 일 년의 시간이 벅찰 수 있다. 고등학교 1학년 과정의 도형 함수 등의 분야에서 최고난이도 문제들을 해결할 수 있고 또 난해한 이미지 수학 문제를 이해하게 되면 수Ⅰ, 수Ⅱ, 미적분은 개념만 이해해도 응용 문제를 모두 해결할 수 있다. 고등학교 1학년 과정의 도형, 함수 등을 제대로 못 풀면서 고등학교 2, 3학년 과정 수Ⅰ, 수Ⅱ, 미적분을 공부하게 되면 큰 낭패를 볼 수 있다. 즉 아무리 수Ⅰ, 수Ⅱ 등을 공부해도 응용 문제에서 좌절하는 이유가 바로 고등학교 1학년 과정을 제대로 못했기 때문이다. 고등학교 1학년 과정의 도형, 함수 등은 고등학교 이미지 수학으로서 학생들의 사고력과 응용력을 위해서 꼭 필요하다. 고1 과정의 도형, 함수 등의 고난도 고등학교 이미지 수학 문제를 정복한 학생은 진정한 수학의 고수가 되며 이후 수Ⅰ, 수Ⅱ, 미적분은 저절로 해결된다.

[고2, 고3] 문과 중위권, 수학을 좋아하지는 않지만 학교공부에 성실하여 중위권을 유지함

수Ⅰ은 지수로그, 행렬, 확률, 통계 등으로 이루어져 있다. 교과

내용이 쉬워 보여도 공부한 만큼 성적이 잘 오르지 않는다. 즉 아무리 노력해도 점수가 쉽게 오르지 않는 대표적인 분야이다.

특히 수열, 확률 등은 논리적 사고보다는 직관적 추론 능력이 훨씬 더 많이 요구된다. 또 지수로그는 단순계산처럼 보여도 고등학교 1학년 과정의 대수와 함수 부분이 철저히 공부되어야 응용문제를 해결할 수 있다.

고등학교 2, 3학년 학생이면 흥미보다는 필요성 때문에 집중력을 가지고 공부할 수 있는 나이이다. 또 현 입시제도인 수학능력시험에서는 수Ⅰ만 출제 되므로 수Ⅰ을 집중적으로 공부해야 한다. 먼저 수Ⅰ교과목의 특성을 충분히 인식하고 기초 이미지 문제를 풀어 본다. 이때 평면, 공간도형보다는 수의 추리력, 경우의 수, 언어 추리력에 관련된 이미지 문제를 더 많이 풀어 본다. 몇몇 분야는 재미가 없어도 고등학교 2, 3학년 정도면 인내할 수 있는 나이이므로 충분히 잘할 수 있다.

필자의 경험으로는 대부분의 학생들은 교과서보다는 재미있게 잘 풀어낸다. 또 고등학교 1학년 수학과정의 대수와 함수 부분을 학생의 수준에 맞게 풀어 본다. 이러한 공부는 시간이 꽤 많이 소요되지 않는다. 대수와 함수 과정은 길어도 1~2개월이면 충분하고 이미지 수학은 지속적으로 꾸준히 풀어 본다.

지수로그 계산 연습을 충분히 하고 응용 문제를 풀면서 자신의 취약점을 다시 분석한다. 대부분 문제해결이 되지 못하는 이유는

지수로그 연산 능력 부족 때문이 아니라 고등학교 1학년 과정의 대수, 함수 등의 기초 체력의 부족때문이므로 병행하여 학습한다. 즉 지수로그 응용 문제를 풀면서 대수, 함수 등을 더 폭 넓게 이해하게 되고 또 대수, 함수를 다시 정리하면서 지수로그 응용 문제를 더욱 심도 있게 풀 수 있게 된다.

수열과 확률은 교과내용만으로는 응용 문제가 잘 해결되지 않는다. 이 분야는 거의 기초 이미지 문제와 비슷하여 직관적 통찰력이 많이 요구된다. 따라서 여기에 관련된 이미지 수학 문제를 병행하여 계속적으로 꾸준히 풀면 큰 성과가 있다. 이와 같이 효율적으로 공부하면 문과학생들은 수학능력시험에서 거의 1~2등급은 확보할 수 있다.

[고3] 이과 상위권, 열심히 해도 응용력 부족으로 만족할 만한 점수가 안 나옴

고등학교 3학년 이과 학생이면 수학을 시작하는 것이 아니라 마무리 정리를 하는 단계이다. 그동안 배운 모든 수학적 지식들을 수 I, 수 II, 미적분 등의 분야에 응용해야 한다. 학교 성적은 상위권이지만 수능모의고사, 수학능력시험 수리영역에서는 낭패 보는 학생들이 꽤 많다. 응용력이 부족한 이런 상위권 학생들은 크게 두 가지로 분류할 수 있다.

① 직관력이 부족한 학생

② 논리력이 부족한 학생

난이도가 높은 이미지 수학 문제를 풀게 하면 직관력 수준은 금방 파악할 수 있다. 논리력은 기존 교과과정 문제 중 논리적 증명 문제의 이해 정도로 알 수 있다. 필자의 경험으로는 상위권 학생들은 학교 시험에 성실하기 때문에 논리력보다는 직관력이 부족한 학생이 많으며 둘 다 부족한 학생도 꽤 된다. 물론 경우에 따라 직관력은 우수하지만 논리력이 부족한 학생도 가끔 있다.

직관력이 부족한 상위권 학생은 대부분 매우 성실하기 때문에 교과과정이나 기출 수능모의고사 문제는 잘 파악하고 있다. 그러나 직관력 부족으로 창의적인 새로운 문제에서는 좌절한다. 이런 학생은 고난이도 이미지 문제를 다양한 분야에 걸쳐 풀어 보게 하면, 학생이 특히 어려워하는 분야가 있다. 예를 들어 공간 도형, 언어 추리력 등에서 약점을 보이면 해당 분야에 대하여 집중적으로 풀면 어느 정도 부족한 직관적 사고력이 향상된다. 이때 관련성 있는 교과과정 문제들도 집중하여 같이 풀어야 한다. 어떤 학생의 경우 빨리 응용력 향상을 보이기도 하지만 직관력 향상에는 대부분 4~5개월 이상의 시간이 소요된다. 이런 타입의 상위권 학생들은 성실하므로 수많은 기출 문제들은 알든 모르든 반복해서 풀기 때문에 무의식적으로 암기하게 되고 사고력이 도리어 떨어질 수 있다. 따라서 무턱대고 공부하는 것보다 자신의 문제점을 잘 파악하고 실행해야 한다.

한편 논리력이 부족한 상위권 학생들은 인내심이나 뚝심이 부족한 경우가 많다. 수학 문제도 간단명료한 문제를 좋아하고 복잡한 문제는 생각하기 싫어한다. 이런 학생들은 실전 문제를 푸는 것보다 수Ⅰ, 수Ⅱ 등 교과과정 문제들의 원리를 이해하고 공식의 전개 과정 및 증명 등을 학습하는 것이 효과적이다. 특히 공통 수학의 함수, 도형 부분에 나오는 여러 가지 증명 등을 시간이 걸려도 논술형으로 이해하도록 하는 것이 매우 중요하다.

글을 마치며

수학 선생님의 학창시절

대학원 박사과정 때의 일이다. 수학에 나름대로 일가견이 있었고, 박사논문은 수학적 모델을 통한 이론식을 정립하는 방향으로 가닥을 잡아가고 있었다. 그러나 수학적 한계에 부딪혀 도저히 새로운 돌파구가 보이지 않았다.

이런 즈음에 화학과에 신임교수님이 오셨는데 수학이론 모델에 정통한 것으로 알려졌다. 당장 그 교수님 수업을 청강하였고 그 해박한 수학적 지식에 감탄했다. 수업을 마치고 내 연구입장을 설명드리며 수학적 자문을 구하고자 했다. 먼저 교수님의 수학적 식견에 감동했다고 말씀드렸다.

그때 그 분은 자신은 수학을 잘하는 편이 아니라고 하셨다. 아니, 그 분야에 전문가가 아니신가? 하고 반문을 했었다. 교수님은 외국에는 자신보다 훨씬 수학을 잘하는 학자들이 많다고 했다. 내 논문에 대한 자문은 해줄 수 있는데 큰 기대는 말라는 것이었다. 그 후 몇 번 정도 교수님께 자문을 드렸는데 그때마다 나는 더 큰 수학적 좌절을 느껴야만 했다. 저분도 수학의 대가가 아니라면 현재 세계적 학자의 수학 실력은 어느 정도일까?

나는 결국 수학적 모델을 포기하고 논문 진행방향을 전산 모델(Computer Simulation)로 바꾸었다. 나의 수학적 능력이 현재 세계적 과학자나 아인슈타인에 크게 뒤떨어진다고 생각한 적은 없다. 그러나 학창시절 주입식 교육 시스템에 의해 사고력이 많이 훼손된 면이 있다는 것은 인정한다.

나는 초등학교 때까지는 두뇌도 우수하지 못한 평범한 학생이었다. 중학교 1학년 때 부모님이 『발명 발견 과학 전집』을 사주셨는데 난 그 책을 매우 재미있게 읽었었다. 그 책에 있는 수많은 과학적 발견도 재미있었지만 수학 이론도 다른 것 못지않게 흥미로웠다. 그 책에 소개되는 재미있는 도형 문제(이미지 수학 문제들)에 심취했었고, 스스로 세계 불가사의 문제들, 예를 들어 '각 삼등분 작도법' 등을 연구하기도 했다.

결국 부모님이 사주신 그 책 한 권에 의해서 난 중학교 1학년 때 벌써 수학의 고수가 될 수 있었다. 학교 내신 수학시험에서 종종 한 개씩 틀린 경우도 있었지만 마음속으로 수학은 내가 최고라는 자신감에 가득 차 있었다.

그런데;; 중학교 3학년 1학기 때 수학을 잘하니까 고등학교 수학을 과외 받았었다. 고등학교 수학이 별로 어려운 것은 아니었는데, 인수분해 수와 식 등 굉장히 지루한 분야가 한참 지속되었었다. 그 당시 선생님이 굉장히 엄하고 무서웠었는데 나는 그 많은 숙제를 스스로 다 해야 되었다.

물론 그 덕분에 고등학교를 진학하여 별로 공부하지 않아도 수학은 늘 최고였다. 그러나 그 후 수학적 사고나 연구를 한 적은 없다. 중학교 2학년 때까지 그렇게 재미있는 수학은 남들이 잘한다니까 그냥 자신 있는 과목에 속할 뿐이었다.

만약 중학교 3학년 때 지루한 고등학교 수학을 하지 않고 고난이도 이미지 수학과 새로운 발견을 위한 수학을 계속 공부했었다면 어떠했을까? 난 그 당시 아인슈타인의 특수상대성 이론 유도 식에 상당히 심취했었다. 아마 그때 좀더 창의적 교육의 기회가 있었다면 세계적 학자가 되어 노벨상 후보에 이름을 올리고 있을지 모른다. 물론 지난 일을 푸념하는 것은 아니다. 삶을 후회한 적도 없고 뒤바꾸고 싶은 생각은 더더욱 없다. 노벨상을 타는 것보다 지금의 삶이 훨씬 고귀하고 소중하다.

그러나 자라나는 세대에게는 좀더 많은 기회를 주고 싶다. 물론이 책은 대학입시에서 수리영역 고득점을 받기 위해 쓴 책이다. 하지만 꼭 대학입시만을 위해 쓴 책은 아니다. 올바른 공부 방법을 제시함으로써 창의적 사고력 향상에 큰 도움이 되리라 확신한다.

혹시 아는가? 이 책을 통해 어느 학생이 미래의 아인슈타인이 될지 ˜ ^^)/

참고문헌

강문봉, 「분석법에 대한 고찰」, 『대한수학교육학회 논문집』 제2권 제2호, 1992.

김대식, 『공부혁명』, 에듀조선, 2003.

김유미, 『두뇌를 알고 가르치자』, 학지사, 2002.

김재영, 「양쪽 뇌를 사용하는 마인드맵」, 『교육개발』, 1999 봄호.

당상빈(이필연 옮김), 『수학의 정상이 보인다』, 예가, 2004.

박교식, 『수학퍼즐 다시보기』, 수학사랑, 2002.

박교식, 『문제해결력키우기』, 수학사랑, 2003.

박효정, 「다중지능이론과 교육에의 적용 가능성 탐색」, 『한국교육』, 1999.

브라이언 볼트(강동호 옮김), 『수학은 내 친구』, 푸른, 2002.

브라이언 볼트(조윤동 옮김), 『마술 같은 수학』, 경문사, 2002.

수학사랑(편), 『수학과 친구 되자』, 수학사랑, 2002.

우정호, 『수학학습-지도원리와 방법』, 서울대학교출판부, 2002.

이홍우, 「원리는 가르칠 수 있는가: 발견학습의 논리」, 『교육학 연구』 제17권 제1호, 한국교육학회, 1979.

이환기, 『헤르바르트의 교수이론』, 교육과학사, 1995.

임레 라카토스(우정호 옮김), 『수학적 발견의 논리』, 믿음사, 1991.

전미국수학교사협회, 『즐거운 365일 수학』, 팬더북, 2004.

정은실, 「Polya의 수학적 발견술 연구」, 서울대학교 대학원 교육학 박사학위 논문, 1995.

정종진, 『데니슨 공부법』, 한언, 2004.

Barbin, E., The Reading of Original Texts: How and why to introduce a Historical Perfective, *For the learning of mathematics*, vol. 11, no. 2, 1991.

Birtwistle, C. *Mathematical puzzles and perplexities: How to make the most of them.* London : George Allen & Unwin Ltd. 1971.

Bourbaki, N., The Architecture of Mathematics, *The American Mathematical Monthly*, vol. 57, 1950.

Bunch, B., *Mathematical fallacies and paradoxes*, NY : Dover Publications, Inc. 1997.

Carrier, C. A. & Titus, A., Effects of notetaking pretraining and test mode expectation on learning from lectures, *American Educational Research Journal*, 1981.

Chalice, D.R., How to Teach a class by the Modified Moore Method, *The American Mathematical Monthly*, vol. 89, no. 7, 1982.

Descartes, R., *Rules for the Direction of the mind*, The Bobbs-Merrill company, Inc., 1961.

Freudenthal, H., *Revisting mathematics education*(China lectures),

Dordrecht : Kluwer Academic Publishers, 1991.

Hannaford, C., *Smart moves Arlington*, VA: Great Ocean Publishing Co., 1995.

Hannaford, *Advanced learning Concepts-The braining option for hyperactivity*, LD and FAS. 1998.

House, P., Mathematical reasoning in the eye of the beholder, *Developing mathematical reasoning in grades K-12*, VA : The National Council of Teachers of Mathematics, 1999.

Movshovitz-Hadar, N. & Webb, J., *One equals zero and other mathematical surprises*, Emeybille, CA : Key Curriculum Press. 1998.

Peper, R.J. , & Mayer, R. E, Note-taking as a generative activity, *Journal of Educational Psychology*, 1978.

Reimer, W. & Reimer, L., *Historical connections in mathematics (Vol. III) : resources for using history of mathematics in the classroom.* 1995.

Robinson, D. H, Graphic organizers as aids to test learning. *Reading Research and Instruction*, 1998.

Schoenfeld, A. H., *Mathematical problem solving*, Orlando : Academic press, 1985.

Steiner, H.-G., Two Kinds of 'Elements' and the Dialectic between Synthetic-deductive and Analytic-genetic Approaches in Mathematics, Klett-Cotta Typescript, 1978.

Sternberg, R. J., *Metaphors of mind: Conceptions of the nature of intelligence*, Cambridge, MA: Cambridge University Press. 1990.

점수 올리는 수학머리 따로 있다

우뇌를 활용한 이미지 수학 혁명

펴낸날	초판 1쇄 2005년 7월 20일
	초판 3쇄 2012년 3월 13일

지은이	김재현
펴낸이	심만수
펴낸곳	(주)살림출판사
출판등록	1989년 11월 1일 제9-210호

경기도 파주시 문발동 522-1

전화 031)955-1350   팩스 031)955-1355

http://www.sallimbooks.com

book@sallimbooks.com

ISBN   978-89-522-0409-7   43410